美姿美儀

時尚優雅美麗聖經

（第三版）

徐筱婷 / 編著

全華圖書股份有限公司

作者序

時尚是一種理念，優雅是一種態度

　　並非只有模特兒、空服員或公關接待人員等特定行業的從業人員，需要接受美姿美儀的訓練，隨著個人形象與職場競爭力議題的興起，「美姿美儀」的觀念及相關訓練課程蔚為風潮。

　　有鑑於此，本人結合於大學期間曾從事模特兒工作、參與選美比賽，任教於化妝品應用系多年教授美姿美儀，與從事藝術美學、珠寶設計、服裝設計等多元領域之觀點和專業背景，針對「美姿美儀」各項課題，從內在涵養、外在儀態的培養、社交禮儀、整體形象、美妝造型與就業面試的應用，包括：站姿、行禮、接待手勢、坐姿、蹲姿、走姿及對談的注意事項等課題，皆有詳盡的介紹，並把完整的動作拆解成一組可逐步練習完成的步驟；為大學院校及一般成人，量身打造這本多面相的美姿美儀專書。

　　除文字詳盡解析外，並附有照片實際示範，透過本書的導引，配合持續的練習，不論是教學或自用，都是您學習美姿美儀，提升人氣指數的最佳工具書，亦是精緻、優雅、氣質的經典時尚指南。生活態度及禮儀，是個人形象時尚風格美學的一部分，本書詮釋了我心目中的優雅美姿美儀，給每個期待走向美麗的人一份希望，一個美麗的故事！時尚是一種理念，優雅是一種態度，而這些都來源於認真和執著的心。

　　期待每個男、女生都能在舉手投足間散發優雅體態與魅力，同時擁有精致外表和充實內心，內外兼備，綻放出自信與閃亮的光芒！

謹識

推薦序

　　美姿美儀這個名詞在國外已經行之有年，但在國內感覺僅存於特定的工作族群在職場上的訓練與需求，近年來由於大家開始注重生活美學與生活中的儀式感；因此有更多人開始關心此一課題的學習，對自己生活上的影響與改變，讓自己更懂得生活。

　　美姿美儀有助於人們外在形象的建立，優雅儀態與得體應對更是現代人在生活中不可或缺的行為表現。筱婷老師的這本書，由淺入深，由內而外；是全方位的呈現個人美姿美儀學習的範本，更是能滿足全年齡層在美姿美儀上需求的美麗聖經。

　　近年來由於高齡化社會的形成，因此我們常常聽到【優雅的老去】一詞，所以無論是年輕人或者是年長者都需要透過美姿美儀的學習，來享受優雅的美麗人生。

台視五燈之星
國標舞五度五關得主

老師

目錄

Chapter **01**

實踐生活美學・培養端莊儀態

1-1 / 認識美姿美儀　　　　　　　8
1-2 / 美姿美儀訓練的目的　　　　9
1-3 / 美姿美儀與塑造形象　　　　10

Chapter **02**

舉手投足展現・完美體態比例

2-1 / 人類身體結構　　　　　　　16
2-2 / 良好身體姿態　　　　　　　20
2-3 / 保持健康體態　　　　　　　22
2-4 / 何謂 BMI　　　　　　　　26

Chapter **03**

美姿美儀美學・優雅儀態養成

3-1 / 站姿儀態養成　　　　　　　33
3-2 / 走姿儀態養成　　　　　　　41
3-3 / 坐姿儀態養成　　　　　　　44
3-4 / 蹲姿儀態養成　　　　　　　49

Chapter **04**

標準美姿禮儀・進階儀態養成

4-1 / 轉身姿態概念　　　　　　　54
4-2 / 優雅從容轉身　　　　　　　55

Chapter **05**

優雅談話藝術・自我行銷表達

5-1 / 決定性第一印象—
　　　肢體表達訓練　　　　　　59
5-2 / 關鍵性第二印象—
　　　音調表達訓練　　　　　　63
5-3 / 持續性第三印象—
　　　口語表達訓練　　　　　　67
5-4 / 自我行銷訓練　　　　　　　70

Chapter **06**

打造完美女性・形象魅力塑造

6-1 / 自信美儀—形象塑造藝術　　75
6-2 / 形象建立—融合內外兼備　　76
6-3 / 瞭解體型—展優勢蔽缺點　　76
6-4 / 穿衣哲學—穿出自我風格　　85

Chapter 07

打造完美男性 · 形象魅力塑造

7-1 / 形象定位—形象賦予價值 95

7-2 / 瞭解體型—展優勢蔽缺點 96

7-3 / 時尚潮流—西服襯衫領帶 103

7-4 / 形象管理—打造完美男性 111

Chapter 08

打造名媛妝容 · 完美保養工法

8-1 / 打造完美肌膚 113

8-2 / 彩妝工具介紹 125

8-3 / 彩妝技巧教學 126

Chapter 09

打造時尚型男 · 保養修飾工法

9-1 / 打造完美肌膚 147

9-2 / 男性妝髮示範 150

9-3 / 男士香水使用 154

Chapter 10

國際標準禮儀 · 營造優雅生活

10-1 / 稱謂禮儀 157

10-2 / 應對禮儀 158

10-3 / 職場禮儀 160

10-4 / 生活禮儀 162

10-5 / 出國禮儀 168

10-6 / 西餐禮儀 173

Chapter 11

舞台表演魅力 · 展現亮麗風采

11-1 / 鏡頭 POSE 美學 181

11-2 / 手姿 POSE 的類型 192

11-3 / 眼神表情的訓練 199

11-4 / 發揮舞台超魅力 201

Chapter 12

流行時尚攝影 · 百變肢體展現

12-1 / 何謂平面攝影 217

12-2 / 環境道具應用 218

12-3 / 攝影 NG 狀況 222

Chapter 13

名人風尚鑑賞 · 感受優雅哲學

13-1 / 優雅的靈魂—奧黛莉 · 赫本 227

13-2 / 永遠的王妃—葛莉絲 · 凱莉 231

13-3 / 不朽的巨星—湯姆 · 克魯斯 233

13-4 / 永恆的特務—史恩 · 康納萊 235

13-5 / 平面攝影賞析 236

Chapter 01

/

實踐生活美學・
培養端莊儀態

　　中國自古有禮儀之邦的美譽，春秋時代周公制禮作樂，一部《禮記》規範了人的行為舉止。在公眾場合，適當的穿著、得體的禮儀、溫文儒雅的風度，總會引人注目、受人歡迎，因此優雅出眾的禮節風範與應對，將使您更具魅力及競爭力！

　　美姿美儀的課程涵蓋廣泛，不僅學習外在儀表的修飾、禮儀教條，也包括學習合宜的應對進退、談吐舉止、商務社交等技巧，學習美姿美儀不僅能應用在日常生活中，也能建立他人心目中重要的第一印象。

　　心是美的，形於外的氣度依然美。美麗的羽翼只在剎那間，提升內涵、聆聽接納，才能追求不滅的永恆；配合良好的儀態、謙卑但有自信的態度、積極服務的精神，才是真正的優雅。

培養生活美學，發現美好事物。

1-1

認識美姿美儀

　　所謂「美姿」（Good Posture），是指「美好的姿勢」，無論在身體或心理都需養成「良好姿勢」；「美儀」（Good Manners）意指良好的儀態，儀態除了能夠表徵自身的家庭教養與涵養外，更是一種得體的禮儀與禮貌的表現。

　　美姿美儀是整體形象中重要的視覺觀感之一，也就是給予他人的一種視覺感受，從專業術語來說，是視覺形象的其中一個重要的動態視覺。視覺形象是指我們所看到的，關於特定事物的所有內容，會在腦海中組合排列，轉譯為我們對此事物的印象。

在技術與價錢皆相同的情況下，你會優先選擇哪間醫美診所？

　　人是視覺性的動物，潛意識會偏好整體較美的那一方，我們的姿勢和儀態，會幫助他人建立起「關於我」的視覺形象，因此美姿美儀不只是為了禮貌，也是為了在他人心中留下美好的形象。

1-2

美姿美儀訓練的目的

　　美姿美儀訓練的目的，在於培養端莊優雅的生活儀態，建立正確的體型意識，並藉由儀態訓練及得體的談吐應對技巧，為個人塑造出整潔大方的形象，提未來在個人社交生活和職場的優勢能力。

　　人需追求美，無人能拒絕美。在現今人與人接觸頻繁的社會，一個人的肢體語言，每一個動作、表情都代表著這個人的行為意識。美姿美儀是透過多項的學習訓練，使不分年齡、不分生活型態的所有男女，獲得個人外形、內在的自我成長；其並非矯揉造作，而是散發出真實、自信、平易近人的氣質，也是現今每位時代男女都需要具備的素養。

乾淨俐落的髮型是建立外在形象的第一步。

1-3

美姿美儀與塑造形象

少有天生的美女、帥哥，每一位男女都可以擁有自己獨特的美，但一定要經過某種表達方式與人溝通，才能使自己潛在的獨特之美獲得肯定。而表達的方式與技巧可藉由美姿儀態與形象塑造來表現，即所謂「氣質蓄於內，風度形於外」。

外表不但會影響表現與自信，更會決定自己在他人心中的印象，因此需特別注意以下的幾種儀表形象。

一、髮型決定一個人的形象

注重形象的人一般也很看重髮型，因為頭髮是人體最為重要的裝飾，關係著人的整體形象。對於經常從事公共活動的人來說，保持一個得體的髮型更是必不可少的，髮型在一定程度上也能反映出每個人的性格趨向。

一個好的髮型必定是好整理的，每天在家只要使用梳子、吹風機，再加上些許造型用品就可擁有一天的亮麗。

髮型具有平衡臉型的功用，例如長臉型的人可以用瀏海減少臉長，方形臉可將兩側頭髮留長修飾臉部輪廓的稜角等。髮型也可以幫你平衡體型，如果你身材嬌小，不妨採用有層次設計的瀏海效果，便會讓你看起來身形更修長；而對於高大豐腴的人來說，稍微蓬鬆的髮型會讓全身比例看起來比較勻稱。

理想的髮型還能強調五官的優點、調和臉上不滿意的部分，更能進一步利用髮型的線條，巧妙地將別人的視覺焦點牽引到你五官中最漂亮的部位。乾淨俐落的髮型是建立外在形象的第一步，拒絕任何會遮住眼睛和臉頰的髮型。

二、修剪整潔的指甲是美麗的風景

　　整潔、乾淨的指甲，不但可以為整體美感加分，也可以讓別人留下美好的第一印象，而想要指甲漂亮，當然要從指甲修剪做起。

　　指甲每天約生長 0.1 公分，指甲根部的甘皮，又稱為甲皮，具有保護指甲的重要功能。如果為了指甲整齊漂亮而修剪甘皮，容易致使細菌入侵而發炎，所以不要修剪甘皮是保護指甲的第一原則。

指甲修剪整潔，給人留下好印象。

　　其次注意指甲的水分。一般來說，正常指甲的含水量約 18%，但是隨環境濕度的影響，變動可介於 10 ～ 30% 之間。指甲水分會受外界環境影響，乾燥的冬季指甲會失去光澤，洗滌後指甲就會變得較白且柔軟。所以天氣乾燥，或是使用清潔劑洗手後，可以擦上適量的護手霜，保持指甲及手部肌膚的濕度，維持指甲的光澤與硬度。塗指甲油又有什麼影響呢？指甲油是合成樹脂以溶劑融化後，混合顏料製造而成，因此對指甲來說有隔離外界的作用。指甲蒙上了一層不透水的膜，便無法自外界獲得水分，當發現指甲失去光澤，應至少 2 ～ 3 天不塗指甲油，讓指甲獲得充分休息。

　　塗指甲油的頻率最好 2 ～ 3 天一次，以一周至少一天不塗指甲油為原則。去光水去除指甲油後，會連帶去除指甲的水分與油脂，應立即塗護手霜或甘油保溼，並按摩指尖幫助吸收，這是保養指甲的基本常識。修剪指甲時，不要剪的太短，大約跟指尖齊平即可；若要留長指甲，突出甲床的部分占整個甲面的 1/4 是最漂亮的。簡易修整指甲時，可以使用磨棒，較不易產生指甲分層或斷裂的情形。

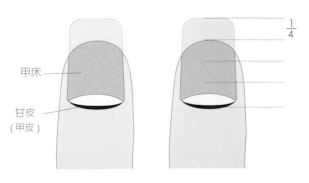

甲床

甘皮
（甲皮）

$\frac{1}{4}$

突出甲床的部分，占整個甲面的 1/4 是最漂亮的。

三、整體衣著

　　穿著會影響一個人的儀態和講話方式，得體的打扮在特定的場合可以為自己帶來不同凡響的結果，特別是影響他人對我們的第一眼印象。為什麼第一眼印象如此重要？因為不論我們和陌生人初次見面、和面試官進行面談，或是在重要客戶面前簡報，即便有幾十分鐘的會面與談話時間，也不見得可以將我們所有的優點都完整呈現。

　　因此，外在的表現，包括穿著、儀態、談吐與行為，便成了一開始好印象的重要來源；也就是說，你的穿著已經告訴大家你是個什麼樣的人。

四、臉部保養

　　愛美是女生的天性，尤其在現今的工商社會中，淡妝已是女性的生活禮貌，但長時間上妝，會讓皮膚無法呼吸，且容易產生毛孔阻塞，造成細菌繁殖的情況，所以臉部保養對於女性來說，就變得相當重要，而適時的讓肌膚得到充分的休息，也是臉部保養的重要課題。

　　男性的保養並非難事，只要每天做到基礎的保養，就能夠擁有健康不暗沉的膚質。然而，男性因為角質層比女性來得厚，皮脂出油量也較女性來得明顯，造成男性天生就有毛孔粗大的問題，因此在基礎保養上，「清潔」、「保濕」就相對的重要。

乾淨整齊的穿著，較易留下好印象。

五、了解個人衛生的重要性

　　養成良好的個人衛生習慣是學習美姿美儀的第一步，其可以讓你的身體維持在最健康的狀態，同時也會影響到別人對你的觀感。假設微笑時牙齒縫卡了異物，即使你長得再帥、再美，談話時一張口便讓人難以直視，連帶也無法留下好印象。

　　個人衛生習慣會直接影響身心健康，故養成良好的個人衛生習慣是健康促進與疾病預防的先決條件之一。

請養成良好的個人衛生習慣。

自我評量

1. 請觀察美容業、餐飲業、上班族的專業形象，並分析各領域讓人覺得適當並具專業感的外在形象有哪些要素。
2. 選擇至美容、美髮相關店家消費時，服務人員的整潔度是否是你選擇的考量？你會在意服務人員的什麼地方？

Chapter 02

舉手投足展現・
完美體態比例

　　美姿美儀與健康有極大的關係，健康狀況不佳時，骨骼歪斜與姿勢不良就會壓迫血管及脊髓神經，不但會造成肩膀酸疼、腰痛、關節疼痛等症狀，還會影響內臟器官與組織，而內臟功能無法正常運作，將會導致各種疾病產生。

　　走路彎腰駝背，會讓別人覺得你相當沒有自信；而走路東張西望、左顧右盼會給人很不穩重的感覺。不論男女，合宜的儀態會給別人留有好的印象，表示你有禮貌有精神，而且具備健康的身體。不正確的姿勢會給別人留下相反的印象，時間久遠之後也會造成身體疲勞、筋骨酸痛，有時候還會讓身體變形，產生駝背、斜肩、脊柱側彎等現象，讓外表變得不美觀，無法散發自信、美麗、優雅的樣子。

　　健康的基礎在於姿勢正確，所謂正確的姿勢是指「使支撐骨骼的肌肉負擔最少的狀態」，如此脊椎也就不會有額外的負擔。學習與訓練自己的儀態與肢體語言很重要，因為一個人的儀表是積極心態的、正式的與得體的外在表現。優雅的儀表能夠增加一個人的自信和進取樂觀的心態，養成優良的習慣不僅帶給人類賞心悅目，更能改善日後骨骼的健康，在後續章節將會介紹站、坐、走、臥的正確姿勢。

　　要能給人留下好印象，禮儀是最基本也是最重要的一點，其表示對他人的尊重。此外，塑造一個良好的形象，這將是一個長期的過程，平常就要多多注重禮儀且不斷加以運用，同時不只要修心以及管理 EQ 的能力，還要修身，改善不良的儀態。

　　本章將學習到如何保持健康體態，了解身體結構、姿勢體態與健康的關係後，自我修正不良體態，致使達到完善的優美體態。

健康好壞會影響姿態儀容。

2-1

人類身體結構

　　人體的構造可以分為三部分：頭部、四肢、軀幹。頭部就在軀幹上，由頸部支撐著。四肢有上肢和下肢，各分左、右，成為對稱的四肢。軀幹容納著內部臟器。

　　此外，骨骼和骨骼肌是支撐人體的組織，不但如此，還能夠使肢體隨意運動，藉由認識身體結構，了解身體是否因結構失去平衡，導致體態不完美。

一、頭身比例

　　頭身指身高與頭部的比例，幾頭身代表身高為頭高的幾倍，不同的頭身比例會呈現不同的身材與氣質，對體態非常重要。亞洲人的身材平均比例是 6.75 頭身，歐美人是 7.15 頭身，男女平均差不多。一般來說，同身高的亞洲人身材比例要比同身高的歐美人來得好，同身高的女子身材比例要比同身高的男子來得好，這是前者比後者頭小的緣故。一般來說，從人體美學來講，全身長 7 個頭身是最接近於普通人的比例，看上去不高也不矮；而美感最強的比例是全身長 7.5 ～ 8 個頭身之間，全身長 7.5 頭身是好看的比例，全身長 8 頭身是黃金比例，是最完美的，古希臘偉大睿智的雕塑家早已發現「8」這個人體黃金比例數值，並創造出許多令世人驚艷的震撼之作。

　　「9 頭身」則是人們夢寐以求的極致身材，非常少見，無論走到哪裡都會受到關注、欣賞和羨慕。對於美學來說，這是最完美的身段比例，通常以面部比例（從髮際線到下巴）作為計算準則，若以女性平均臉長 20 cm 計算，要達到 9 頭身，身高應為 180 cm；男性要擁有 9 頭身比例，身高最少也要有 186cm，個別臉部特別小的男性除外。歐美模特兒大都須達到此身高條件，並且身材均勻、腿夠長，如美國知名模特兒 Kendall Jenner 便擁有這種完美身材。最美的上下身比例則以肚臍為界，比例應為 5：8，即符合「黃金分割」定律 1：1.618 的比例。

 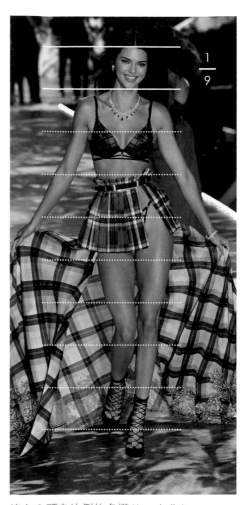

古希臘雕像《米洛的維納斯》擁有完美的 8 頭身黃金比例。

擁有 9 頭身比例的名模 Kendall Jenner。

二、臉部黃金比例

臉的審美，主要是指臉部五官的比例是否協調，而中國古代畫家畫人像時總結出來的「三庭五眼」，即定義了面部的標準比例關係，國際上通稱為面容的黃金分割。中國傳統審美觀對人的面部美特別重視，「三庭五眼」的是由人的面部正面看過去的縱向和橫向比例關係，依此比例畫出來的臉型基本上都是和諧的。黃金分割具有嚴格的比例性、藝術性、和諧性，蘊藏著豐富的美學價值，凡是符合黃金分割律的構造，在視覺上都會讓觀察者產生愉悅的感覺印象。

（一）臉部的定義

臉部是由覆蓋在面部骨骼表面的面部肌肉所形成的外觀。

（二）臉部五官的位置

臉部五官要好看，最重要的是五官互相的位置與比例關係。「三庭」是指將面部縱向分為三個部分：上庭、中庭、下庭；上庭是指從髮際線至眉線；中庭是從眉線至鼻底線；下庭指從鼻底線至頦底線。如果三庭正好是長度相等的 3 等分，這樣的面部縱向的比例關係就是最好的。「五眼」則是指以自己的一隻眼睛的長度為衡量單位，在面部橫向分 5 等份。

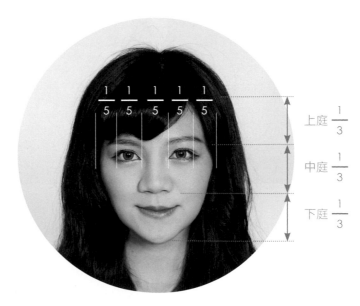

臉部黃金比例：三庭五眼。

理想瓜子臉的長與寬比例為 34：21，這一比例正好符合黃金分割律 1.618：1。普拉克西特列斯（Praxiteles）的著名雕塑《克尼多斯的維納斯》（Aphrodite of Cnidus），其面部是公認的魅力樣板，從髮際到下巴的長度與兩耳之間的寬度比，也接近黃金比例。

西方人與東方人因為先天的骨骼構造差異，加上文化差異的影響，而有不同的黃金比例數據，造就了雙方審美觀的差異。如西方人的眼窩深、額頭飽滿、眉骨高等特徵都非常明顯；東方人則是眼窩平、額骨有些扁平後仰，且多數眉骨平和顴骨高。

在三庭的部分，東西比例有顯著的不同，西方人臉部的平均長度是下庭＞上庭＞中庭，東方則是中庭＞下庭＞上庭，東方人下巴相較西方人稍短，兩者在鼻柱到上唇及下唇到下巴的理想比例也有所不同，東方為 1：2，西方則是 1：1.5~1.8。

《克尼多斯的維納斯》面部長寬比例符合黃金分割律。

東方人平均中庭較長

西方人平均下庭較長

東西方人臉部比較。

2-2

良好身體姿態

優美的體態，即良好的身體姿態，是形體美的重要因素之一。身體姿態包括：站、行、坐、臥，綜合歸納為以下標準：

一、站

正確與健美的站立姿態應該是頭顱、軀體和腳的縱軸在同一條垂直線上，挺胸、收腹、梗頸，兩臂自然下垂，形成一種優美挺拔的形態，這樣人體固有脊柱形態的曲線也就表現出來了。

二、行

除了保持站立時正確、優美的姿態外，軀體移動應正直、平穩，不僵又不呆板；兩臂自然下垂，擺動協調，膝蓋正對前方，腳尖略微向外側，落地時腳跟著地，過渡到腳掌，兩腳後跟幾乎在一條直線上，兩腿交替前移的彎曲程度不要太大，步伐穩健均勻。

三、坐

保持挺胸收腹，四肢擺放也要規矩端正，不能擺得太開。

四、臥

良好的臥姿對於心血管、呼吸系統在安靜狀態下的工作起保證作用，並有助於消除肌肉疲勞。為避免心臟受壓，一般朝右側臥最好，仰臥也是一種好的臥姿，但不要把手放在胸上，以免壓迫心臟。

一個人的姿態也會影響體態，身體彎曲的幅度、肢體擺放的位置以及面向對方或鏡頭的角度，都會讓體態有所變化；相同的人、背景、光線下，姿態的不同，會產生胖、瘦、高、矮的視覺變化。

2-3

保持健康體態

健康的構成是身體功能得以自然完美的運作，身體健康，心境自然開朗，如何保持身體健康，除了經常運動外，飲食均衡也十分重要，有助於保護自己的身體，防止病毒入侵。

一、良好飲食

保持健康身體的根本就是良好的飲食，進餐不只是為了填飽肚子而已，一日三餐的安排是要講究的！不僅要做到定時定量，更是保證具備營養平衡和合理膳食結構的首要條件。用餐時間的安排上，通常清晨和傍晚是體力最充沛、記憶力最佳的時刻，體內的消化也較活躍，此時進餐容易消化；而食物在胃裡大約能停留4～5小時，所以中午還需要用一餐，另外晚餐一定要在睡前4小時前用完，其他時間就不需要加餐了。

晚餐
吃的少，避開高油高鹽高糖，睡前4小時前要用完。

早餐
精力充沛、記憶力最佳，一定要吃的好！

午餐
早餐後4～5小時左右享用，大約八分飽，不可隨便解決。

全穀雜糧類
1.5-4碗

豆魚蛋肉類
3-8份

乳品類
1.5-2杯（一杯240毫升）

蔬菜類
3-5份

水果類
2-4份

水

油脂與堅果種子類
油脂3-7茶匙及堅果種子類1份

國人每日飲食指南。

安排一日三餐，不僅要定時，而且要定量，以八分飽為佳；吃太飽的話，超過了腸胃的消化能力，消化率會變低，影響消化功能。更重要的是要能保證全日的營養供應，達到營養平衡。根據人體的消化生理和一日熱能消耗的需要與作息時間的安排，提倡「早餐吃好，午餐吃飽，晚餐吃少」的原則，改變既往早餐可有可無、午餐隨隨便便、晚餐大吃大喝的的不良飲食習慣，既有利於食物的消化吸收，又對人體健康有益。健康的飲食內容，可以參考衛生福利部的國人每日飲食指南。

以下提供其他四種飲食指南：

（一）211 健康餐盤

　　源自美國哈佛大學的「健康飲食餐盤」，想像將三餐的餐盤平均劃分為四等份，其中蔬菜占兩等份，最好包含三種顏色以上的蔬菜，其他兩等份分別是蛋白質和全穀雜糧，各占一等份。透過簡單劃分攝取食物的比例，更容易達到飲食均衡，補充每日所需營養，健康減脂。

2 份蔬菜
宜選擇各種顏色的
蔬菜、菇類、藻類。

1 份蛋白質
建議優先攝取順序：
豆 ＞ 魚 ＞ 蛋 ＞ 肉。

1 份全穀類
以五穀飯取代白米，
也可用芋頭、番薯、
玉米取代。

（二）間歇性斷食法

　　將進食的時間控制在一天 12 小時吃完內，另外 12 小時不吃食物。若再進階一點，就是更縮短餐食時間，維持在 8 小時內吃完三餐，其餘 16 個小時不吃東西，只喝水、茶等無糖飲品，斷食法搭配運動讓減脂效果更好。

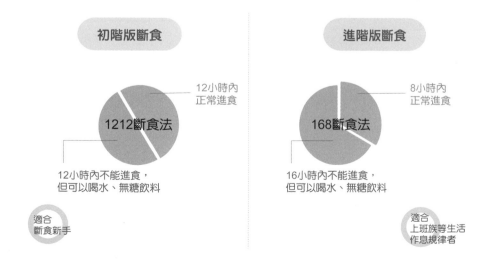

初階版斷食

12小時內
正常進食

1212斷食法

12小時內不能進食，
但可以喝水、無糖飲料

適合
斷食新手

進階版斷食

8小時內
正常進食

168斷食法

16小時內不能進食，
但可以喝水、無糖飲料

適合
上班族等生活
作息規律者

（三）減糖

衛福部國民健康署與世界衛生組織（WHO）同步，發布的「國民飲食指標」中建議：「每日飲食中，添加糖攝取量不宜超過總熱量的 10%（天然食物中水果的果糖、鮮奶中的乳糖不用列入計算）」。

科學家發現，給身體「空腹」的時間長一點，對於腦部的健康是件好事。因為當大腦沒有食物可吃時，當下會活化適應眼前壓力的反應，刺激腦神經細胞的再生與修復，這樣的過程可以達到細胞修復與抗老的效果，並且也能讓身體的脂肪燃燒的時間與速率提升，就能達到更好的減脂效率。

（四）運動飲食

運動之後，肌肉組織受到微破壞，此時肌肉會非常，有如海綿想要吸取更多養分，並且讓遭受破壞的肌肉快速修復跟重建。當運動後的進食瞬間，養分會優先提供給肌肉，讓肌肉們修復長大，如此就會減少過多的能量累積在脂肪細胞，因此運動後的餐點必須要有蛋白質與碳水化合物，蛋白質與碳水化合物的補充比例依運動類型約為 1:2.5 到 1:4 之間，碳水化合物建議攝取快速升糖食物，例如香蕉、地瓜等。

運動後進食的時間也是關鍵所在，在肌力鍛鍊後 30 分鐘內進食為最佳，不建議超過 2 小時。健康體態維持，可以幫助常保青春活力，減緩老化的速度。當食物能量「多一些在肌肉組織，少一點到脂肪細胞」，身體的脂肪細胞們就會離我們遠去。

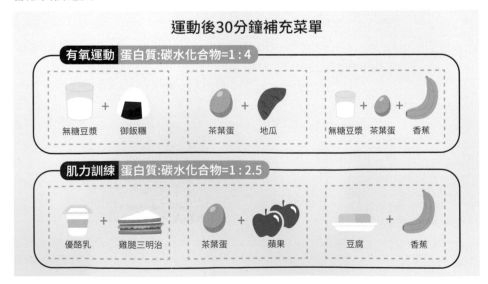

運動後30分鐘補充菜單

有氧運動 蛋白質：碳水化合物＝1：4

無糖豆漿 ＋ 御飯糰　　茶葉蛋 ＋ 地瓜　　無糖豆漿 ＋ 茶葉蛋 ＋ 香蕉

肌力訓練 蛋白質：碳水化合物＝1：2.5

優酪乳 ＋ 雞腿三明治　　茶葉蛋 ＋ 蘋果　　豆腐 ＋ 香蕉

二、充足睡眠

　　充足睡眠是健康活力的泉源，睡眠對健康很重要，它是身體的恢復階段，能讓我們在白天保持清醒；但是睡眠是否足夠，往往相當主觀。專家建議，可根據一個人白天的清醒程度，計算一個人所需的睡眠量，例如在白天很有活力、很有精神，就表示已得到充分的睡眠。睡眠充足能促使身體消除疲乏，促使神經系統恢復功能，增強身體免疫能力。若總是睡眼惺忪的樣子，會影響儀態；長期的睡眠不足不僅影響健康，也會使肌膚粗糙無光澤。

三、愉悅心情

　　一個積極思考者常會有意識地使自己保持心情愉悅。你期望快樂，便會找到快樂；你尋找什麼，便會發現什麼，這是人生的基本法則。

　　要想得到快樂，在現實生活中還必須做到：樂於接受別人的建議、幫助和忠告；必須誠實和富於正義感；熱心幫助別人，善於寬恕和同情他人。給別人歡樂和幸福的同時，自己也會從中得到歡樂和幸福。愉悅的心情能讓你面帶微笑，並顯得更有活力，人們總是喜歡能讓人感到快樂的人。

四、固定運動

　　任何一種運動都會為你提供有益身體的活力，使人開心和健康，消除你的焦慮。運動的選擇很多，比如有氧運動既省時間又能改善體型，降低心臟疾病、肥胖還有糖尿病。密集的運動對我們是有益的，長期下來會有很好的效果。

養成運動習慣對身心靈有益。

五、良好作息

　　人體的生理時鐘有固定規律，在什麼時間會對應做什麼樣的事，若作息不正常，比如一到假日就日夜顛倒，或是因加班、玩遊戲等因素而錯過正餐，很晚才吃宵夜，吃完倒頭就睡等不正常作息習慣，容易造成人體的生理時鐘混亂，使得你明明睡了很久，卻還是不停打呵欠想睡；或是長時間飢餓後吃完飯就睡覺，造成胃食道逆流等疾病。當因為作息不正常而影響身體狀況時，自然會連帶影響到儀態，所以保持穩定的良好作息是很重要的！

2-4

何謂 BMI

身體質量指數 BMI（Body Mass Index），是常用的體型定義指標之一，用以判斷體重是否健康。

BMI 值計算方法：體重（kg）÷ 身高平方（m²）

例：一名 57 公斤、身高 155 公分的女性，其 BMI 為：$57 ÷ 1.55^2 = 23.75$。

在臺灣，根據行政院國民健康局等研究，訂定國人的 BMI 標準值為：

體重分級	身體質量指數
體重過輕	BMI < 18.5
正常範圍	18.5 ≦ BMI < 24
過重	24 ≦ BMI < 27
輕度肥胖	27 ≦ BMI < 30
中度肥胖	30 ≦ BMI < 35
重度肥胖	BMI ≧ 35

資料來源：衛生署食品資訊網 / 肥胖及體重控制

BMI 值原來的設計是一個用於公眾健康研究的統計工具，當我們需要知道肥胖是否為某一疾病的致病原因時，我們可以把人的身高及體重換算成 BMI 值，再找出其數值及病發率是否有線性關連。不過，隨著科技進步，現時 BMI 值只是一個參考值，要真正量度病人是否肥胖，體脂肪率比 BMI 更準確、而腰圍身高比又比體脂肪率好、但是最好的看法是看內臟脂肪（若內臟脂肪正常，就算腰圍很大及體脂肪率很高，健康風險不高）。因此，BMI 的角色也慢慢改變，從醫學上的用途，轉變為一般大眾的纖體指標。

最有利於健康與壽命的 BMI 理想值為 22，正負 10%
內都是符合理想的範圍，男女皆相同，通常年輕者適用
較低的 BMI 值，年長者適用較高的 BMI 值。根據 BMI
值與個人身高，就可以推算個人的理想體重。

肥胖的定義是指體內脂肪過量，以體重為基準，正
常體脂肪含量在男性為 12 ～ 20%，女性為 20 ～ 30％；
維持健康之最低體脂肪量分別是男性 3％，女性 10 ～
12％，過低也不利健康，女性會有停經的症狀。

由於成年人不再成長，體重的增加表示脂肪的增加，
因此 BMI 過高可以代表肥胖，根據國防部的規定，我國
役男體位以 BMI>33 可免役；如果運動員有發達的肌肉，
也可能有較高的 BMI 值，但並不一定是肥胖，而是肌肉
的重量造成體重較重。

身體質量指數也會影響壽命的長短。BMI 偏高或偏
低的民眾，都不比 BMI 介於 22 ～ 25 之間的民眾來的長
壽，也較容易得到疾病。根據許多研究報告指出，過高
的 BMI 將使某些特定疾病的風險大幅提高，例如：高血
壓、心臟血管疾病、關節炎、女性不孕症等。BMI 愈高，
罹患疾病的機率愈高，身體質量指數與健康息息相關，
身體質量指數只要超過 24，與肥胖相關疾病的危險因素
開始增加。

一、姿勢體態與健康的關係

對於彎腰駝背、小腹突出、肩膀內縮、走路外八等
體態問題，多數人總是不以為意，等到產生痠痛感覺，
才會尋求解決之道。體態的影響絕對不只是外觀的美感，
包括常見的腰痠背痛、骨刺、電腦手、脊椎側彎，甚至
失眠、生理痛、頭痛、胃潰瘍、慢性疲勞等，都和體態
不正有很大的關係。因為體態的改變，意味著自己的身
體已經失衡，身體一失衡，人體內最自然的自癒力就會
慢慢消失不見，人當然容易變得疲憊、精神不濟、免疫
力下降……。

胖姿

緊繃的手臂擠壓出多餘的肉。

瘦姿

叉腰的動作襯托腰部曲線，並展現出緊實的手臂線條。

　　錯誤的姿勢、體態和步態，通常都是從很小的時候就開始形成了。長時間上課、念書、考試，背肌太過無力，不知不覺中養成了駝背和肩膀內縮的習慣。久坐時間過久，大腿後側肌肉必然容易緊繃，一旦沒有特別注意姿勢，無論是翹腳、桌椅高度不當、習慣性盤腿等，都可能加劇骨盆和雙腿的負擔。

　　不良的姿勢與體態，會讓身體關節承受不均的重量，使得關節更快磨損、變形，而肌肉也會因此僵硬無力。此外，負責傳遞身體各部位訊息給大腦，也是我們身體最重要的支柱—脊椎，也可能因為受到不良姿勢、體態和步態的影響，導致脊椎關節磨損，進而影響到神經訊息的傳遞，使正常的身體運作受到限制。

　　不良的姿勢、體態，影響的層面不單單只是外觀而已，還會影響神經訊息的傳遞，降低身體的自癒力；當自癒力低落時，健康會受到影響，身體就會快速衰老，顯露出老態。

二、自我修正不良體態

　　美姿美儀課程裡，從最基本的行立坐姿開始訓練自己，改變日常生活中的端肩、彎腰駝背、歪脖等不良習慣。姿勢正確，身體各部位對齊看上去人就會瘦一些，整體感覺要好一點。好姿勢還能讓人感覺更自信，有了自信，整體形象自然也會變好。在此分享美姿美儀課程裡的一些訣竅，一起來修正不良姿態，讓自己儀態萬千！

　　首先先來檢視自己是否有以下的不良體態習慣：

NG

手托下巴
————————
手部擠壓臉部肌肉，看起來不雅觀，若在對話時呈現如此體態，會傳達出「我覺得無聊」的訊息。

NG

雙手插口袋

雙手插口袋在正式場合，看起來較為輕挑，只要露出大拇指，都代表著自信與優越感。

NG

三七步

看起來吊兒啷噹，左右施力不均，容易造成骨盆歪斜。

NG

雙手插胸

雙手插胸是一種防備姿態，讓人感覺較疏離冷漠。

NG

彎腰駝背

看起來沒精神，長期下來會改變骨架，嚴重時會壓迫脊椎神經與內臟。

　　姿勢的鍛練是個只需多加留心，隨時隨地都可以從事的運動。儘管基本姿勢不是百分之百正確，不過只要掌握下列要點，依然可以舉手投足散發成熟魅力。

（一）塑造端正體態優雅曲線

視線往前看，保持頸椎放鬆。

上半身隨時保持挺直，不要駝背。

不過度要求姿勢，自然並適當地塑造曲線。

讓手臂盡量緊貼身體。

隨時維持正確站姿、不要站三七步，讓骨盆端正。

（二）兩點對齊法則

　　儘管姿勢略有調整，只要耳朵、肩膀、手肘和骨盤四處，有任兩處位於垂直的平行線上即可。若稍加注意時尚、美妝雜誌中模特兒的姿勢，大部分都合乎這個法則。

- 雖然上半身的姿勢略為放鬆，但骨盤與肩膀仍在同一條平行線上。

- 將手肘靠在桌上時，上半身仍維持直立，耳朵、肩膀和手肘均在同一條平行線上。

- 當身體重心移至單腳時，由身體側邊看來，耳朵、肩膀和骨盤也應在同一條平行線上，讓身體的軸心顯現才是正確的姿勢。

雖然上半身的姿勢略為放鬆，但骨盤與肩膀應仍在同一條平行線上。

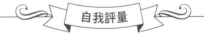
自我評量

1. 請找朋友拍攝你自然站立的照片，檢視自己是否有不良體態。
2. 找找看，有哪些明星藝人的臉型符合三庭五眼的比例？

Chapter *03*

/

美姿美儀美學 ·
優雅儀態養成

　　優雅的儀態、舉手投足間所散發出的迷人風采、談話應對得體合宜、富有知識內涵、外在儀表等，這些都屬於美姿儀態的展現。但美姿美儀除了應用在日常生活中，也代表了在他人心目中的第一印象；尤其當一個人代表著一個品牌形象或團體形象時，優雅的儀態就更顯重要。所以，學習美姿美儀後，能讓你舉手投足自然表現優雅儀態，好感指數迅速提升！

　　美姿美儀的範圍很廣，從吃飯用餐的禮儀到走路、坐下的姿態，都是美姿美儀的內容，簡單來說包含食、衣、住、行，及至服裝的搭配（從髮型、場合與服裝、配件到鞋子）、彩妝（白天與晚上的妝要不同）、姿勢（怎麼站、怎麼坐、怎麼走）…，合宜的行為，就是美姿美儀最重要的意義。

　　本章將學習到正確的站姿、走姿、坐姿等優雅的儀態，分述如下。

3-1

站姿儀態養成

一、站姿的基本儀態：如何展現優雅的站姿

　　正確的站立姿勢，是頭自然朝向正方，肩臂放鬆自然下垂，內縮小腹肌肉，雙膝併攏、腳跟靠攏，腳尖分開約一個拳頭的寬度。

　　簡單來說，是要感覺頭頂有條繩子拉著你，整個形體挺拔向上，兩眼平視，下巴稍內收，伸長後頸、挺胸、縮小腹，使下背部變平；須長久站立時，應將身體重心分置左、右腳，並不時換腳。

（一）正確站姿 / 男士穩重風範・女士優雅風姿

兩眼正視前方。

下巴微向後收，
頸部自然垂直。

肩膀放鬆，兩臂
自然下垂或雙手
交握放在腹前，
指尖並攏。

收小腹、背脊
挺立。

膝蓋應打直並盡量
靠近，腳跟靠攏。

若兩膝蓋略顯分開，
可站成丁字形，即
左腳向前站直，右
腳內側中間靠近左
腳後跟，略成丁字
形姿態，可掩飾 O
形腿的缺失。

兩腳尖應向兩側張
開成四十五度。

45°

男士站姿示範　　　　女士站姿示範

（二）舞臺上的優雅站姿

　　日常生活中，我們每個人都有自己習慣的站姿，由於是隨興的，並沒有規定怎樣站會比較好。但若站在舞臺上，就會有數十雙眼睛在望著你，那麼你的站姿就必需特別注意。站姿要特別注意的是：

1. 絕對不可以站三七步。

2. 不要抖腳。

3. 適時地走場以增加親和感及活動力。

4. 在舞臺上標一個中點，如果平常沒事，或是走場過後，一律站在定點上，以免造成偏左或偏右，要讓台下的伙伴對你產生確定感。

5. 不論你的走場路線為何，千萬不要以臀部對觀眾。

6. 走場時，不要離底下觀眾太遠，以免冷場；也不要太近，尤其是底下的人是坐著的時候，以免造成壓力。

（三）舞臺站姿的千變萬化

除了表現衣服外，稍微擺動雙手，就有情趣。　　站姿挺拔同時要能展示曲線美。　　以表情吸引觀眾的注意力，並展現出最美的曲線。

二、失敗站姿

　　多數女性都認為外在的儀表，只要化上精緻妝容，就能得到許多愛慕與欣賞目光。倘若你的肢體動作不雅、粗魯笨拙，走路駝背、搖搖晃晃，即使穿了名貴服飾，也展現不了美感，甚是可惜。

　　你是否有留意到鏡子裡的自己呢？是否會將身體蜷曲起來走路？習慣性把頭偏向某一邊？這些都是典型的錯誤動作，常常會給人一種輕浮、沒有自信的感覺。

　　很多時候，我們無法察覺自己的肢體語言是否有不良習慣或不雅動作，因此要做儀態與姿勢的診斷時，同時也詢問自己身邊最親密的家人或好友，因為他們最能夠坦誠指出自身的缺點。藉由矯正與不斷的演練，並記得時刻提醒自己修正體態，讓自己成為一位風姿綽約的女性，風度翩翩的男性。

NG 腳掌外八　　　**NG** 腳掌內八　　　**NG** 骨盆歪斜

OK 側面站姿

由側面看，身體呈現一直線。

NG 側面站姿

骨盆前傾、肚子前凸。

NG 側面站姿

駝背，看起來顯得沒精神。

OK 背面站姿

由背面看，身姿體拔，感覺有精神。

NG 背面站姿

左右不平衡，往單邊傾斜。

NG 背面站姿

駝背，由背面看起來顯得沒精神。

三、靠姿

　　拍照時，為了更好的融入背景中，身體會和環境有輕微的接觸，我們稱為靠姿。

　　展示靠姿時，身體側邊靠向牆體，會使身體舒展，呈現出身體從上到下完整的曲線來，整體上更有平衡感！

靠姿除了正向面對鏡頭，還可有側身、後仰等變化，重點在於身體曲線的呈現，以及與環境的搭配。

四、接待的站姿運用

等待訪客時，雙手輕輕重疊置於腹部，採標準站姿；招待訪客時，女士宜以 T 字步站立，男士雙腳打開與肩同寬；不要抱胸或玩弄物品或手指；身體不倚靠他物，也不宜歪著頭隨意晃動。

NG

過於放鬆

接待訪客時應保持正確站姿，即使處於等候狀態，也不宜過於放鬆。

NG

雙腿太開

女士穿裙裝接待訪客時，雙腿不宜過度張開。

OK

接待的姿勢

男士雙腳打開與肩同寬，女士可站丁字步。

OK

等候的姿勢

等候時採標準站姿，雙手置於腹部。

3-2

走姿儀態養成

一、走姿的基本儀態─走出翩翩風采

　　行走時，不搖晃肩膀和上半身，把腰和腳一起向前踏出來，感覺對著一條線走，看起來才會美觀，有些人走起路來呈內八字和外八字，看起來很不雅。行走時兩手前後自然協調擺動，可以給人留下自信印象；同時，保持重力點在雙腳之間，這樣腰、腿部肌肉能得到必要的鍛鍊。如果每天堅持站姿訓練或者徒步行走 30 分鐘，對身材的改善十分有幫助。

　　若能養成美麗的走路姿態，就能改變體型，若改變體型也就能改變你這個人，讓你體內沉睡的細胞甦醒，而自然地營造出美感。

（一）正確優美的走姿順序

1. 視線向前、肩膀放鬆。

2. 大腿先移動，小腿再往前伸直，腳跟先著地而後腳尖，腳尖踢出幅度不要太大，也不要拖著腳走路。

3. 雙腳腳跟踩在同一直線上。

4. 行走時應抬頭、挺胸、收小腹、屁股夾緊，利用腹部與臀部肌肉的力量帶動身體前進。

5. 步伐大小大約是身高 ×0.3 為宜，若要運動快走，步伐可大一點約身高 ×0.5。

（二）不良的走路姿勢

　　由鞋子磨損的部位，可以瞭解走路姿勢是否正確。鞋跟、外側、大拇指裡側磨損是及格的走路方式；走路姿勢不正確的話，會產生腰痛，因此走路時，應是腳跟先著地，接下來是鞋子的外側，最後是大拇指著地的地方，這樣就不會產生「不良姿勢性腰痛」的病症了。

假設身高為 170 公分，步伐大小約為 50 公分。

正確的走路姿勢 ————

鞋跟、外側、大拇指裏側磨損，且左右對稱。

錯誤的走路姿勢 ————

外八造成鞋底外側磨損、內八造成鞋底內側磨損，

前側磨損可能是重心向前（包含穿高跟鞋）所致；若為後側單側磨損，可能是走路施力不一。

走路姿勢與腳底磨損參考。

二、健康與美感的走姿

　　走路姿勢美妙的人，是非常富有魅力的。一般人只注重到化妝與服飾的裝扮，卻忽略了走路的姿勢，因此我們常見到有人精神散漫、心不在焉的走路，背脊彎曲、腳步沉重，正是破壞整個人氣質的最大敗筆。我們平時可以配合音樂，動作輕快、有節奏的進行走路訓練，方能培養優美的儀態。

　　美麗、氣質與個子的高矮是沒有關係的，多注意自己走路的方法—保持良好姿態，伸直膝蓋，以腳尖迅速地往前踏出，不但是屬於健康的姿勢，也會連帶的使人覺得有精神；如果是膝蓋彎曲，而腳步似乎往後踢的方式，那便會顯出腰部降低，拉長了背部，令人有沉重的不良印象。

　　要讓自己顯得高挺，除了姿勢外，在服裝方面儘可能選擇自己所喜愛的樣式，只要把握簡單大方的原則，顏色要明亮一點，總之，保持心情愉快，遠比高挺來的重要。

行走時若背部彎曲，整個人會有往前傾的感覺。

（一）檢視自我儀態

首先站在能照到全身的穿衣鏡前，仔細觀察、檢視自己的姿勢，檢查項目有：

□ 站姿歪斜	□ 臀部下垂
□ 下巴突出	□ 腰部和膝蓋沒有挺直併攏
□ 肩膀前傾或左右傾斜	□ 沒有看著地面走路
□ 背部彎曲	□ 走路重心前傾或後傾

如果以上的項目都沒有，那麼便可稱之為「美的姿勢」，反之，若包含其中一、二項，就屬於「不良姿勢」。

身材纖細的基本姿勢，是「愛心型」的臀部和筆直的雙腿。養成美麗的走路姿態，就能改變體型。正確的走路方式會用到腰臀的肌肉，臀部的形狀改變了，臀部線條上提，大腿緊實了，上半身胸圍增大，背部贅肉也不見了。

（二）駝背矯正

走路時駝著背，容易被認為是沒有活力的人，或是無法信賴的人。隨時隨地養成美麗的走路姿態，才能避免留給他人不好的印象。

美的姿勢，也有助於身體氣血循環順暢，而膝蓋伸直、背脊挺直的標準姿勢，可以在平躺時揣摩。平躺時，將腿直接豎立起來，或背靠著牆，記住背脊挺直的姿勢。

駝背矯正一定要持之以恆有決心，首先養成經常看鏡子的習慣，這樣一來可以常常提醒自己不要駝背。另外穿上束腰帶，或者將腰帶勒緊一點，只要身體稍微前傾，腹部與腰部就會感到不舒服，這也是促使自己養成挺直背脊習慣的方法之一。也可以配合運動來改善駝背現象，將頭部往後仰，手臂盡量向後高舉，反覆做幾次，如此練習也可以改善駝背的不良姿態。

擁有美麗體態時，就會散發光彩，連那些嚷著「我不喜歡現在的自己」、「我需要改變…」的人也一樣，因為每個人都擁有會散發光彩的身體，只要能將那份力量挖掘出來，就可以讓身體閃閃發光。

平躺時將腿豎立起來，揣摩背脊挺直的姿勢。

3-3

坐姿儀態養成

一、坐姿的基本儀態：如何展現優雅的坐姿

　　椅子的選擇很重要，高度應適中，椅面高度須與個人身高配合，以能保持膝蓋與臀部同高、兩腳能平踩地面為原則（約為個人小腿長度減掉 2 公分）；椅背的支撐也很重要，上端須到肩胛骨中點，下端至少到第四腰椎高度。

（一）正確的坐姿

　　應使背部緊貼椅背、臀部與椅背貼緊，使椅面能完全支撐全部大腿，膝及髖關節皆呈 90 度角。

（二）不適當的坐姿

　　坐在過高過低或距離工作點太遠的椅子上，易造成上身前傾或背部拱起，長期下來可能導致腰酸背痛！

背部緊貼椅背，椅背上端到肩胛骨中點，如無法緊貼椅背，可增加靠墊。

膝蓋與臀部同高，關節呈 90 度角。

OK

正確的坐姿

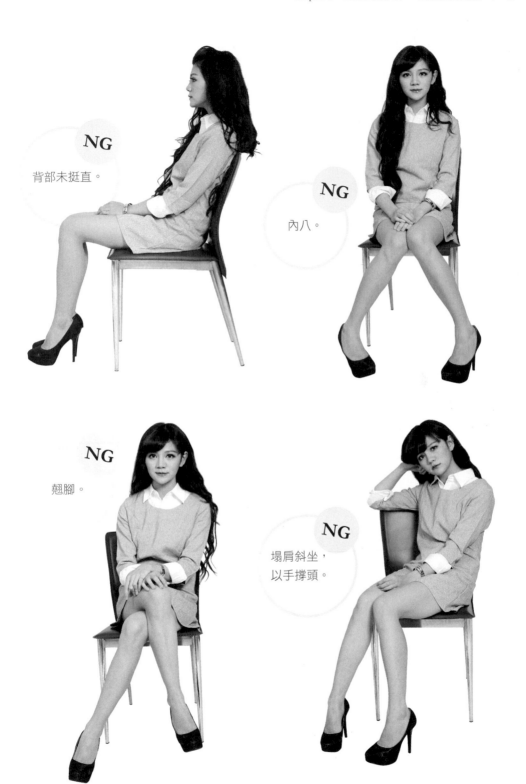

NG

背部未挺直。

NG

內八。

NG

翹腳。

NG

塌肩斜坐，
以手撐頭。

二、女士穿裙裝怎麼坐？

　　女士穿著裙裝或端莊典雅的小禮服，可別忽略了坐姿儀態，否則一不小心，就會在鏡頭下走光囉！女性穿裙子在公眾場合坐下時，膝蓋一定要併攏；就坐時，上身保持直立與端正，用雙手由後往前把裙子靠攏再坐下，以防走光，並盡量坐凳子的二分之一處，兩腳同時朝一側傾斜。

　　如果是雙腿交疊的坐法，雙腿必須完全交疊在一起，腳面要繃直，盡量不要給對方看到翹起來的鞋底，這樣視覺上能讓你的雙腿顯得修長迷人。

　　女士穿著裙裝時的坐姿步驟：

STEP 1

站直、雙腿交叉。

STEP 2

維持雙腿交叉的姿勢，用手順緊裙擺坐下。

STEP 3

坐在椅子約 1/2 處即可，若裙子太短可以用手拿包壓住大腿裙襬。

　　而要使坐姿優美，下列幾點要注意：

1. 入座時，從容不迫地。

2. 切忌兩膝蓋分開，兩腳呈八字形。

3. 坐時不可兩腳尖朝內，腳跟朝外的內八字形坐法。

4. 當兩腿交疊而坐時，懸空的腳尖應向下，切忌腳尖朝天和上下抖動。

5. 與人交談時，不可將上身往前傾或用手支撐下巴。

6. 坐著的時候，忌一會兒向東，一會兒向西。

7. 雙手可相交放在大腿上，或輕搭在扶手上，但手心應向下。

8. 在椅子上前俯後仰，或把腿架在椅子或沙發扶手上，都是極為不雅觀的。

下巴微向後收，
頸部自然垂直。

上身挺直，
腹部內縮。

雙膝、腳、腳跟皆
併攏直放或斜放。

雙腿交疊而坐時，
雙腿必須完全交疊

三、女士端莊典雅坐姿，男士穩重平放坐姿

　　坐姿需有坐相，觀察體態，可準備一面全身鏡子，面對它，請教它不同坐姿的語言，並隨時留意你的雙腿，是否不自覺地悄悄的分開？爽腳擺放的角度是否正確？背脊是否挺直？美麗的姿勢需要學習，時常提醒自己，讓自己在日常生活中養成好習慣。

男士與女士的坐姿示範。

3-4

蹲姿儀態養成

蹲下撿東西或者繫鞋帶時，一定要注意自己的姿態，盡量迅速、美觀，應保持大方、端莊的蹲姿。不要再彎腰駝背，臀部向著別人撿東西了！撿東西時，應該一腳在前一腳在後；蹲下時雙膝併攏，上身直立；女士穿低領裝時，要用手按著領口。如果穿的是裙子，手要抹平裙子，並遮擋雙腿間可能露出的縫隙。

一、如何展現優雅的蹲下取物

撿東西時應靠近物品再彎曲膝蓋，蹲下去撿，不可直接彎腰。若物品太高（超過肩膀）、離身體過遠、過重，或是雙腿直立時，直接彎腰或扭轉身體，都容易造成脊椎傷害，一定要注意！

女性優雅蹲姿。

OK

撿拾物品姿勢
────
應靠近物品，蹲下後撿拾。

NG

直接彎腰撿拾
────
直接彎腰撿拾物品，對脊椎傷害較多。

二、正確舉物姿勢

　　抬重物時，應先蹲下，盡量保持脊椎挺直，雙手搬穩物品，採兩段式站立，慢慢站起來，接著用膝蓋與雙腿力量舉起重物，減少脊椎與腰部的肌肉壓力。物品要儘量靠近胸腹，上身須挺直；舉物勿高過胸部，並注意重心平衡。

STEP 1

蹲下，雙手置於物體下方。

STEP 2

將物品舉至腰部高度。

STEP 3

挺直身軀。

NG

直接彎腰撿拾

直接彎腰舉物，對於脊椎與腰部肌肉有較多傷害，也較費力。

　　儀表是你的第一張名片，從行為舉止的訓練，站姿、坐姿、行進、拾物等優雅行為的教學練習，藉由專業的指導，建立優雅端莊的儀態與姿態。

　　優雅不是與生俱來，也不能刻意追求；這是一種氣度、一種感覺、一種味道。無論是行走、站立、坐著，用餐、待人接物等，都在不知不覺中透露了每個人的修養，所以我們要時刻保持良好體態，這並不意味我們要像模特兒般刻意行步，或是造作舉動來顯示你的優雅，而是一種純粹坦然的自然美態。

　　我們每天的生活都離不開行立及坐臥的姿勢，時時保持姿態優雅不僅帶來氣質上的風度，對我們的健康也大有好處。姿勢是身體的基架，不良姿勢會引起背部和頸部疼痛，最終導致損傷，改良姿勢是同時提升自我定位和改善健康的絕佳方式。

自我評量

1. 請拍照檢視自己的站姿與坐姿是否正確。
2. 請用手機錄下自己撿拾物品的姿態，檢視是否正確。

Chapter 04

標準美姿禮儀・
進階儀態養成

　　時裝表演（Fashion show），集合現代的聲光娛樂效果，經由服裝模特兒（fashion model）的穿著與肢體動作，在現場觀眾前作戲劇化的演出，因此台步的動態變化在美姿美儀中占有重要的地位。

　　台步是動態的，它是舞臺展示的基本動作。練習台步時，鞋跟選擇可「先粗後細」，先以 10 厘米以上的粗跟高跟鞋練習走位，熟悉穩定的走位後，再換成細跟的高跟鞋走位。邁步時，移動髖關節帶動大腿，提膝（稍屈膝），小腿帶動腳，兩腿內側貼近。起腳是直線，落腳時，腳尖稍往外撇，後腿隨後向前跟進，同時身體重心也及時跟上。走台步時，腳踝要有力，雙腳交替進行，動作連貫，有韻律感；身體上下擺動協調配合，腰是連接上下肢的紐帶，其動態的協調性是動作的關鍵。

　　台步一定要做到挺而不僵，柔而不懈，使身體各部位的動作協調起來，調整出一種具有張力的狀態。台步可以根據整體形象而有所變化，或胯部擺動大些，或活潑跳躍，或步態平穩。如果現場有台階的話，支撐腿一定要努力控制身體平衡，使身體輕盈柔美；屈膝時，兩腿內側靠緊，腳外展的角度要小；注意千萬不要停下來看路，有條件的話提前熟悉一遍場地，算好腳步的多少和步幅的大小。

　　許多人都認為模特兒表演不過是在台上做幾個優美的造型動作而已。其實，一個高水平的模特兒所呈現出來的動作，是彙集了多種藝術表現手法的綜合性表演。

　　本章將學習到台步的變化，站姿與走姿的連貫表現。90 度轉身是改變表演中的方向，180 度是結合站姿與走姿並改變位置，360 度則是全方位的轉向，表現要穩定、流暢而挺直，藉由本章學習轉身技巧的運用。

4-1

轉身姿態概念

　　站姿與走姿是美姿美儀學習中的基礎，轉身是美姿美儀學習中的進階，轉身的技巧需肢體輕巧的運用，當轉身邁出腳步時，頭部需向前方，眼神直視前方，面帶微笑，並與觀眾眼神接觸。轉身之時，手部輕輕搭在腰際。腰線的表現，在移動重心時可以自然配合輕輕擺動，無論站姿、走姿、轉身任何姿態都須隨時保持挺直優雅的線條與 pose。行進時，保持流暢的台步，停下時維持優美的身段。

正面　　　　　　　　　　　　　　　　　背面

側面　　　　　　　　　　　　Ending Pose —正面

4-2

優雅從容轉身

　　走秀主要以服裝或產品代言走秀為主，走秀模特兒除具備高挑的身材，如何把產品所要表達出的意向，透過神情及肢體語言淋漓盡致地表現出來，是走秀模特兒最重要的功課。對於走秀模特兒來說，透過走台步這個過程展現產品的特色、儀態、肢體語言、俐落的轉身、定格，眼神充滿自信就成為很重要的表達方式。

一、轉身技巧說明

STEP 1

由站立的前腳尖朝向要轉之方向。

STEP 2

移動重心轉 90 度，轉身時前腳靠回後腳。

小訣竅：重心需在兩腳之間。

STEP 3

維持標準站姿，重複同樣的動作，
轉 90 度站定後，即為 180 度轉身。

STEP 4

再重複 2 次 90 度轉身技巧，完成
360 度旋轉回到正面。

二、左右轉身的技巧

在舞臺表演時的左右轉身，只有移動重心加上半身的轉動而已，如正面站姿，以向左轉為例，左腳往前跨一步，右腳跟上點在前面，擺好 pose 向左轉。

STEP 1

以標準站姿往前跨出一步。

STEP 2

後腳移動，重心往前，轉身時移動腳跟與腳尖。

自我評量

1. 請試著演繹舞臺表演或時尚秀 (Fashion show) 的旋轉動作。
2. 請試著演繹雙人轉身，和搭檔一起找尋兩人能完美配合的節奏。

Chapter 05

/

優雅談話藝術・
自我行銷表達

　　人的既定印象及形象取決於「第一印象」，而第一印象的關鍵就是剛見面的 6 ～ 7 秒，「姿態」、「體態」這些視覺條件占了相當大的比重。有了對的姿勢和體態，成功給予對方良好第一印象後，接下來就是在溝通的過程中，為自己再加分！本章的重點就是要教你如何變得有魅力，如何使人際關係變得更圓融，如何增加別人對你的好感。

　　學好這些小技巧，不僅自身的工作圈會變得更寬廣，就連生活圈裡也會迅速增加學養條件俱佳的朋友！形象就猶如人的品牌一樣，商品的成功可以仰賴「品牌」的肯定，而人就需要靠「形象」來維持個人的價值。形象塑造講求的是內外兼修，而不只是膚淺的表面形體雕塑，無須你是天生的俊男美女，優雅談話藝術與自我行銷表達，便能發揮自身的特質優點。

5-1

決定性第一印象—肢體表達訓練

　　從表面上看，肢體語言與身體活動手段似乎相同，實際上它們之間仍然存在差別。身體活動是為了舒展肌肉、鍛鍊體能，姿勢的正確在於避免傷害而非美觀；而肢體語言是為了表達情緒想法，會影響到個人形象。比如「手勢」，就有優雅、可愛、豪爽等不同氣質表現，故肢體語言在溝通技巧中佔有重要的地位。

　　國際知名的心理分析學家朱利烏斯‧法斯特（Julius Fast）曾寫道：「很多動作都是事先經過深思熟慮，有所用意的，不過也有一些純屬於下意識。」比如說，一個人用手指摸鼻子下方，說明他有些局促不安；如果抱住胳臂，則說明他需要保護。

已逝的前蘋果執行長—賈柏斯，他的肢體語言不會讓人覺得僵硬，也不會讓人覺得是廢話，許多人將他的演講影像作為行銷表達的範本。

　　根據研究，一個人向外界傳達的完整訊息，單純的語言成分只占 7%，而55% 的訊息都需要由非語言的體態來傳達。同時因為肢體語言通常是一個人下意識的舉動，所以心理咨詢師在了解他人的心理狀況時，肢體動作是一個很好的參考工具。

　　為什麼肢體語言如此重要呢？可分為以下幾點：

1. 能提高吸引力：不在於說話內容，而在於你怎麼說。一個良好的姿勢、優雅的肢體語言都會讓你更具有吸引力，同時也在提高對方的注意力。

2. 肢體語言能帶動情緒：情緒也會從肢體語言中表現出來，比如高昂的情緒會讓人腳步輕快，低迷的情緒會讓人腳步沈重。

3. 肢體語言能傳達訊息：譬如參與面試時，自己可能很沉穩的說自己很自信，但是自身不安的肢體語言卻透露出自己的緊張。

4. 能提高溝通技巧：提高肢體語言的能力是提高溝通能力的有效方法。

5. 建立良好第一印象：你在別人眼裡的第一印象會影響後來對方對你的評價，所以塑造一個優秀的第一印象可是十分重要的，它同時也反映出你的工作態度。

　　人類學家觀察發現，人與人之間在面對面的情境中，常因彼此間情感的親疏不同，而不自覺地保持不同的距離：

親密區 intimate zone	個人區 personal distance zone	社交區 social distance zone	公眾區 public distance zone
從身體接觸到距離0.5公尺之間稱為「親密區」，是極為接近的距離，通常只限於彼此具有親情與愛情等親密關係的人能夠進入到此區。	距離0.5～1.5公尺之間稱為「個人區」，這是人際間稍有分寸感的距離，較少有直接的身體接觸，但具有親密的氣息。一般說來只有熟人和朋友才能進入此區。	距離在1.5～3公尺之間稱為「社交區」。彼此保持這種距離給人一種自在與安全感，不會覺得受到侵犯，也不會覺得太生疏，可以正常互動交談。	距離3公尺以上的區域稱為「公眾區」，通常是不熟悉的人彼此所處的距離。

親密區　0.5m　個人區　1.5m　社交區　3m　公眾區

　　此種因情感親疏而表現的人際間距離的變化，在心理學上稱為「人際距離」。人際距離的變化，是由雙方當事人溝通時，在肢體語言上的一種感性的表現；彼此熟悉者，就會親近一點，彼此陌生時，就會保持距離；如一方企圖向對方接近，對方將自覺地後退，仍然維持相當的距離。

一、良好的人際關係，需留下美好的第一印象

　　安‧戴瑪瑞斯（Ann Demarais）和瓦萊麗‧懷特（Valerie White），在她們所寫的《第一印象》（First Impressions）中，提出了決定第一印象的幾大因素，其中包括：容貌、語言、態度、穿著和身體語言。多聽少說、多進行眼神交流、以及輕鬆的談話會給對方留下較好的第一印象。第一印象往往能夠激起我們情感中最強烈的部分，就像照片一樣，將我們的情緒定格在那一刻，由於第一印象來自於本能，因此其包含的訊息往往也很重要。

笑臉會留下良好的第一印象。

　　心理學教授保羅‧艾克曼（Paul Ekman）說：「我們甚至可以從三十公尺外看到一個人的笑容。」而這張笑臉的主人將會為我們留下的良好第一印象。

　　人際關係學中，有所謂「首因效應」（Primacy Effect），由美國心理學家洛欽斯（A.Ladins）所提出。首因效應也稱為「第一印象作用」，或是先入為主效應；是指個體在社會認知過程中，通過「第一印象」最先輸入的訊息對客體以後的認知產生的影響作用。

臭臉給人的第一印象較負面。

　　第一印象作用最強，持續的時間也長，比往後相處得到的資訊所產生的作用更強。也就是說，若最初讓人留下了不良的第一印象，即使日後付出了和他人相同的努力，整體印象還是較差，需要付出更多努力去轉變。

　　既然有「首因效應」的存在，我們便不能忽視儀表，需讓人看起來乾淨整潔；整潔易留下嚴謹、自愛、良好修養的第一印象，美國總統林肯有句話：「一個人過了四十歲，就應該為自己的外貌負責。」雖然以貌取人值得商榷，我們卻不能忽視第一印象的巨大影響作用，無論外在和內在，我們應該格外注重。另一方面，要注意言談舉止，讓自己顯得落落大方，倘若還能做到言辭幽默、舉止優雅，更會留下美好的第一印象。

7% 說話內容

38% 肢體語言

55% 外型

7/38/55 溝通定律。

根據法國學者馬哈邊（Albert Mebrabian）提出的「7/38/55」定律，在個人形象上，說話的內容只佔了整體印象的 7%，說話表達的方式如表情、語調、肢體動作等，具有 38% 的影響力，而外表看起來的樣子則佔了決定性的 55%。高達 55% 決定你看來夠不夠份量和專業，可見外表是內在與外界溝通的橋樑。

「7/38/55」的面試觀察原則，舉例來說，在空服員面試時最明顯。空服員評分從面試第一秒就開始，航空公司考試時，第一關無需開口，只憑外型、台步、敬禮等第一印象，就決定應試者是否進入下一輪考試。

航空公司挑空服員，第一個先看門面。造型打扮依循「展現個人優勢、適度隱藏拙處」的原則，同時要弄清楚場合，妝容要讓人感到舒服自在，頂著時下流行的煙燻妝、誇張的假睫毛，會讓主考官以為你不是來考試，而是要去跑趴。

應試者任何一個小細節都不可輕忽，常被應試者忽略的細節還有牙齒，衣著再怎麼得宜、妝畫得再好，開口露出不整潔的牙齒及不好的口氣，也不及格。

航空公司挑空服員，第一個先看門面。

5-2

關鍵性第二印象—音調表達訓練

提到說話，最重要的其實並不是說話的技巧，而是傾聽的藝術。傾聽是比說話更美麗的語言，學會傾聽，才是學習說話的開始。

傾聽的藝術不僅在人際關係中非常重要，在日常生活中也同樣重要。

當我們開口說話的時候，有幾個地方可以多加留意，如：音質、速度、聲量、音調、咬字。首先，說話的音質就像唱歌的音質一樣重要，有些人可能會懷疑：「天生的音質怎麼可能改變？」，可是如果歌聲可以經由訓練而變好，同理來說，說話的音質當然也可以改變、進步。

經由訓練發聲技巧，可以讓聲音亮起來、充滿活力，增加說服力。其次，說話速度應該不疾不徐，說得太快，聽不清楚；速度太慢，則容易讓人感到疲乏。人數多、場地大的話，速度要放慢，反之亦然。當你想強調某個數目或名詞時，則可以在提到的時候，速度放長、放慢，以加深來賓的印象及感受。提到重點時，要加強聲量；而要製造效果，讓「無聲勝有聲」，則可以將聲量放小。

音調的高低也可以善加利用，當你覺得快樂時，聲音就活潑輕快；表達熱情時，聲音可逐漸變高，速度可以稍快；注意說話時咬字要清晰。

如果發音不夠正確清晰，聽話的人自然比較費力；正確的發音可以讓聽講者快速吸收，因此，標準的發音是好口才的基本要素。

溝通時還有一個一般人常常忽略的面向，就是肢體語言。適當的肢體語言會讓整個演講生動活潑，尤其是手勢，如果能夠搭配適當，也能塑造出良好的印象。比方說，說人優秀可以翹起大拇指；談到力量的時候，把拳頭握緊；講到憤怒的時候則不妨跺腳以表示心情。

說人優秀可以翹起大拇指。

一、學會發出正確音調，就能找回自信

聲音也跟外表一樣，會隨著年齡、精神層面而成長，並會依社會地位及角色產生不同的變化；當然，也會因為努力的程度而有所改變。只是，聲音和外表不同，並沒有能反射聲音狀態的「鏡子」，所以與外表相比，要掌握、分析聲音資訊的訓練，十分的困難。

外貌可以每天透過鏡子加以確認：「這個顏色看似不適合我」、「只要再瘦1公斤，臉部線條就會更削瘦」。但聲音與外表不同，無法輕易檢視，也沒有如節食、化妝、琢磨品味等具體的改善方法，所以大家對自己的聲音大多漫不經心，接著若有人對自己的聲音發表什麼意見，就只能概括承受，喪失自信。

鍛鍊音調，說出感染力和影響力

能帶給他人或自己能量的聲音，能夠完善表現一個人的情感、想法、意見，並對周遭人以及自己產生影響力。注意聲音的存在、提升對聲音的感受度，以便正確捕捉隱藏在聲音裡的各種情緒，並加以分析。

聲音語調可分為以下六個要點：

- 敘事說理紊理清楚。
- 描述細緻有聲有色。
- 真誠親切平易近人。
- 穿插事例比喻新穎。
- 吐字清晰措詞精當。
- 弦外有音循循善誘。

音調的鍛鍊可以透過下列方式：

1. 用不同的高音說「啊」，放鬆下巴，讓聲音更清晰。

2. 採腹式呼吸，能讓聲音更有力。

3. 聆聽自己的聲音，比如念書時念出聲，或是錄下自己說話的聲音，調整出最合適的聲音與音調。

　　透過訓練，讓身體在湧現想表達的念頭時，就自行做出反應。只要不斷進行能增長自我情感的訓練，就能瞬間發出好聲音。此外，藉由訓練也能發現聲音和過去經驗及生長環境間的密切關係，以及之前從未發現的內心祕密。所以盡情引導出體內等著被發現的聲音音調，並好好培育它，找出成為嶄新自己的可能性。

二、讓聲音能打動人心

　　說話的目的最終是感動對方、引出對方的某種反應，如果沒辦法打動聽者的心，話說再多也只是枉然。說話時需掌握以下法則：

1. 開口前先了解是「為了誰說話」

不應只是基於習慣或癖好發出聲音，而要思考自己出聲是「為了誰？」、「為了什麼？」。

2. 聲音也有 T.P.O 法則，因地制宜很重要

就像流行有 T.P.O 一樣，聲音也有 T.P.O：時間（Time）、場所（Place）以及符合說話場合的聲音（Occasion）。掌握三要素，在正確的時機說出正確的話！

3. 增進情感的訓練

單靠技巧改變聲音高低，或是刻意做出表情，只會讓聲音顯得虛假，應進行增進感情的訓練，每次說話時多投入三成感情，就能自然而然傳達給對方。

4. 微笑提升聲音的宏亮度

微笑時發出的聲音聽起來不僅舒服悅耳，而且在露出上排牙齒的狀態下發出的聲音，更具有穿透性，想將聲音傳遞給他人時，必須露出微笑或上排牙齒。

為了使自己的聲音更動人，可以透過下列方式訓練：

（一）增加聲音表情，語氣更豐富

1. 將想說的話寫在紙上，反覆閱讀。

2. 從自己的記憶裡找出適合表現這些話的回憶或情感。

3. 試著將感動放進想說的話中，反覆練習直到能順暢地說出口。

（二）運用節奏感可以調整說話速度，完整傳達

1. 試著用各種不同的話語或文章反覆練習。

2. 在看報章雜誌時，出聲慢慢閱讀。

（三）運用「聯想力練習」可以增加流暢度

1. 在腦海中想像故事，沿著故事發展挑出關鍵字，掌握情節。

2. 將字句連同關鍵字和手勢或動作記憶起來。

（四）訓練台風、膽量，秀出自信

1. 請想像自己站在人潮前。

2. 想像自己抬頭挺胸，隨時保持自信的模樣。

3. 想像周圍的人對坦然的自己另眼相看。

Amy Cuddy 演講
< 姿勢決定你是誰 >

社會心理學家 Amy Cuddy 說：即使在不覺得充滿信心時，站起來裝出一副很有自信的樣子，也可以改變我們腦內睪固酮和腎上腺皮質醇的濃度，進而影響成功的機會。

5-3

持續性第三印象—口語表達訓練

一、溝通魅力與口語表達建立個人形象

　　想建立最佳個人形象，除了給予他人第一印象的外在條件，也需要深化個人內在管理，尤其人際關係中的溝通最為重要！加強表達能力，為溝通能力加分，可以說是形象管理最重要的關鍵。

　　一個業務人員有好的外在條件，是吸引客戶的第一步，但在進行商品銷售時，除了靠良好的產品、充足的理由，尚須搭配合宜的肢體語言及形象，才能掌握真正的優勢。

　　要讓他人清楚了解你想表達的意思，臉上至少要具備喜、怒、哀、樂、憂、驚、懼七種變化，才不會造成雙方誤會。除了臉部表情，站姿、坐姿與手勢也是重要細節。例如要表達關心對方時，可運用肢體如雙手給予對方擁抱或是加油打氣的手勢，讓人感覺真心誠懇。

　　很多人認為，所謂說服是發生在嘴上的行為；換句話說，如果沒人開口，說服行為就不會發生。事實上，這個說法不完全正確，發生在生活周遭的事件，其實都帶有說服的目的，例如我們身上的衣著打扮（包括衣服、鞋子、飾品、髮型），以及我們周邊的氛圍環境，都在我們跟他人溝通時，扮演了重要的角色。

　　舉例來說，在面試時儘量要穿著深色（黑色、藏青、深灰）的套裝，梳理簡單造型的頭髮，女士們最好還要畫上淡妝；除此之外，在舉手投足、應對進退之間，都要特別遵循社交禮儀，站姿、坐姿不要誇張，回答問題時也不要答非所問。

　　當我們把相同的觀念應用在行銷上時，客戶所關心的不外乎銷售人員是否值得信任？提供商品的公司是否值得信賴？若此時我們的衣著無法傳達這類的感覺，客戶無法從我們的身上看到信賴、經驗豐富等這些特質時，客戶容易有所猶豫。像部分化妝品牌會讓銷售人員穿上藥師袍，梳理齊整髮型，便是為了營造專業形象，提生客戶的信賴感。

面無表情無法讓人分辨情緒。

除了衣著之外，以下幾點在與他人互動時，需留意的重要因素：

（一）臉上的表情

有些人長時間忽略自己欠缺臉部表情變化，也就是俗語說的「撲克臉」，不管情緒如何變化，臉上永遠只有一個或兩個表情，別人也分不出來這些面無表情的人是高興或是生氣。

（二）身體的姿勢

站姿或坐姿與手勢，是另一個重要的細節。例如當我們要表達關心時，雖然你的臉部表情已經讓人感受到關心，但是此時我們身體的姿態卻是隨興的靠在椅背上，兩手抱胸。

傾聽時身體可稍微前傾，表達專心聆聽的意願。

雖然我們一直在對方描述時不斷的變化表情，點頭回應，但是我們的肢體卻傳達出不在乎、懷疑的姿勢，也會讓他人覺得我們不夠誠懇。比較好的做法可以透過身體前傾，縮短與對方空間的方式，表達出專心聆聽的意願。

（三）音調的高低

通常一般人在音調上的問題不大，但是如果音調過高，也許一開始會覺得充滿熱情，一段時間後可能會覺得虛情假意，同時一般人也較難忍受長時間暴露在高音情況下。

從另一方面來看，是不是聲音低沈有力就一定佔便宜？也不盡然，因為聲音低沈的人給人信賴感，但此聲音特質也會讓人解讀為較沒有熱情、情緒不夠 high，所以需要透過音調訓練來調整。

（四）說話的速度

如果說話的速度比一般人還慢的話，他人可能將這種現象解釋成我們對商品沒有足夠的了解，甚至是我們不夠聰明，不然怎麼會支吾其詞；而說的太快，對方往往聽不清，也是失敗的溝通。

　　其實行銷說服客戶的時候，光靠良好的產品、充足的理由，可能還是無法讓客戶下單，必須搭配上合宜的肢體語言及形象，才能讓我們在銷售商品時，掌握優勢，馬到成功。

二、形象塑造：好的溝通，給人第一個好印象

　　遇到溝通問題時當異中求同、圓融溝通捨棄自我中心主義，而克服溝通障礙可以四個要點說明：主動傾聽、回饋問題、控制情緒、簡化語言。溝通訣竅可善用「同理心（Empathy）」，學習在適當的時候，說出一句漂亮的話；也在必要的時候，及時打住一句不該說的話。

　　情緒上要學習情緒忍受力和挫折容忍力，學習「先處理心情、再處理事情」，避免讓情緒影響你的溝通能力。改變你的說話習慣，就能改變你的形象！

正面效益的說話態度

熱情：「真心服務、真誠回報」

主動：「來有迎聲，問有答聲，走有送聲」

耐心：「如果你贏了一場爭吵，你便失去了一位朋友」

注意分寸：「適當的時候，在適當的場合，以適當的身份講適當的話」

三、口語表達管理訓練

　　邏輯性的說話方式是溝通表達的根基，尤其在簡報、演講或跟客戶交流時，更是致勝表達的關鍵。說話沒有重點、常常跳來跳去、或是想到什麼就說什麼，在朋友私下聊天時還無所謂，在工作上仍是如此，可會讓你的職場力大打折扣！

　　以下三點是幫助你說話有邏輯的表達技巧：

（一）下標題

　　如同電視名嘴的slogan或是新聞所下的標題，簡短、綱要、好懂，例如：「22K要怎麼買房？有三大步驟，第一是將薪水分成三份、第二是投資小屋換大屋、第三是⋯⋯。」利用標題明確表達溝通主題與內容，不但能讓你的說話更聚焦，聽者也能更清楚你想表達的是什麼。

（二） 說白話

接下來要掌握讓對方「聽懂」的說白話技巧。不論你具備多少專業知識、懂得多少專業名詞，對方聽不懂都是枉然；以平易近人的用語，創造和對方相似的語言，才能讓你的訴求有效傳達。

（三） 舉實例

在說話的過程中儘量舉例，利用大家熟悉的故事或是親身經歷，遠比一堆數字或大道理更容易打動人心。畢竟故事的魔力就在你談完話以後，訊息很容易深深印記在聽者的腦中，並且對方還會再度將這個故事傳遞給其他人，發揮影響力。

5-4

自我行銷演練

美國電影協會（AFI）於 2002 年，公佈「二十世紀最具代表性的一百部電影」，其中由奧黛麗‧赫本主演的電影《窈窕淑女》（My Fair Lady）排行第 91 位。此片改編自愛爾蘭劇作家蕭伯納舞台劇《賣花女》（Pygmalion），故事主要是描述一名說話、舉止皆十分粗鄙的賣花女孩伊莉莎，在偶爾機會下邂逅了語言學家希金斯，此時希金斯向友人打賭，能在六個月之內，將下層社會的女子培養成為上流社會的淑女，伊莉莎便在因緣際會下，成為希金斯的學生。

經過一段時間的調教，伊莉莎的談吐與說話，有了顯著的進步，儀態也變得端莊，並在一次上流人士匯集的大型舞會上，贏得眾人的讚賞，甚至大膽猜測她其實是某國的公主！原本在市場兜售花束的女子，從此成為窈窕淑女。

在電影裡，希金斯為了糾正伊莉莎的發音，光是一個「a」字的發音，就讓她吃足了苦頭；為了導正說話口型，伊莉莎嘴裡經常塞滿了糖果。

希金斯為什麼這麼有把握，把「話」說好，就能塑造出一位淑女？其實聲音是有「表情」的，清楚的發音、咬字，更能讓對方掌握你所傳達的訊息。

而我們在判斷一個人的出身時，除了用視覺取得訊息，口音也是一個獲取資訊的管道。在潛意識裡，人們甚至會根據你的說話口氣、用語，與社會地位做聯想。因此成功的人在說話時，在「聲音表情」上也有別於他人，特別是在

人多的場合時，尤其注意細節表達，讓自己的話在面對人群時更顯說服力。當我們在做一對一溝通時，即使有未盡理想之處，也可以立刻停下來，詢問對方的意思，找出重點，在此時可以不細究聲音表情；但是在做公眾溝通（演講、簡報…），一定要善用聲音表情的魅力，幫自己加分。除了注意語調高低，

一、豐富你的聲音表情

（一）放大音量

你可以注意到，成功人士無論在任何場合，只要一開口說話，總能讓周圍的人洗耳恭聽。當然這與其社會地位有關聯，但並非每一個場合都是安靜在等待成功人士開口說話，因此挑對時機點切入就十分重要，且這一開口，音量必須放大，才能確保自己說的話每個人都聽得見。根據研究顯示，音量的大小與自信有

《窈窕淑女》電影海報及電影發音教學片段。

關，音量太小，讓人懷疑你是否對自己說話的內容，充滿不確定、缺乏信心，也會使人愈聽愈覺得費力，最後乾脆放棄了解你欲傳達的訊息。

（二）控制速度

看電視時不妨留意，政治人物在描述事情時，常根據內容調整速度，聲音有快有慢。溝通時，次要訊息通常快速帶過，而說到關鍵字句時，不但要加重音量，並放慢速度、將音節拖長，使人無須用力傾聽，也能了解此段話強調的重點為何。一對一的人際溝通時，說話便要有輕重緩急之分，若是在講台上說話時，便要誇張且戲劇化，才會引起聽眾的興趣。

（三）準確發音

準確發音是基本的表達力之一，也是成功人士必備的聲音能力。我們經常看模仿秀的藝人或相聲演員在銀幕前表演時，只要開口說唱幾句，觀眾大概就能聽明白被模仿的人是誰。因為受到生活環境的影響，每個人說話時，都有特定的某些口音、鄉音，不過這些腔調並不會影響一位成功人士在說話時的影響力；只要每個字都能讓人一聽就懂，不需要花力氣去猜想，就能建立良好的溝通。

（四） 去除贅字

　　所謂的「贅字」，是指說話時習慣用「然後…」、「這個…」等詞語做句子與句子間的連接；或是在不知道如何接續語句時，重複先前說過的話。但這些語彙，從文法的觀點來看，與上下文語義毫不聯貫，沒有因果關係，造成聽眾在解讀訊息的困擾。此外，這類口語贅詞，若頻繁的出現在語句中，觀眾會因為被這些強調前因後果的副詞干擾，而要花更多力氣才能聽懂我們的話。在國外，這樣的說話習慣會被當成「口吃」看待，所以成功人士會避免自己的話語裡，充滿贅字贅詞。

二、做好自我行銷的必修法則

（一） 展現自信

　　世界上的成功者共同特徵來自於自信，建立自信從認識自身的優點開始，大膽表現自己，從做中學，找尋自信。對於弱點也要有自知之明，不強求表現、嬌揉做作或虛張聲勢，從優點出發找學習機會，嘗試發表看法，循序漸進展現自信。

（二） 良好溝通協調能力

　　溝通協調來自打開心胸接受意見，不是妥協。溝通時要用他人可接受方式說明，進而在接受眾多意見時，能找出眾人接受的方案。溝通協調的能力特質是願意傾聽別人的想法、打開自己的心容納別人的意見和尊重別人。

（三） 做好情緒管理

　　電影《赤壁》的記者會中，記者質疑林志玲飾演的角色「只是漂亮花瓶」，對此林志玲回應：「我覺得如果我有做到，那也是我應該要盡的責任，我覺得花瓶中裝的是小喬如水的水。」儘管仍因委屈而眼泛淚光，但林志玲此番回答獲得媒體和大眾的讚賞，也大幅提生了形象。

　　EQ（Emotional Quotient，情緒智力）與脾氣的好壞無關，好的 EQ 就是能做好情緒管理，隨時冷靜、獨立思考，讓工作和人際關係不被情緒打敗，甚至可以化優勢為劣勢，為個人形象加分！

（四）創造形象與特色

　　整齊、清潔是良好外表形象的基本條件，看場合身份打扮、用打扮展現專業、用色彩傳遞訊息，創造令人印象深刻的個人特色。

　　比如身為時尚編輯，穿著打扮一定要能表現個人的時尚品味；而專業化妝師多穿著輕便的黑色衣褲，展現個人專業形象。

（五）創造個人魅力：親和力、風趣、機智

　　親和力可以製造，處處欣賞別人的優點、待人真心、誠懇、口出善言。風趣可以學習，幽默是魅力特效藥：增加話題、多看新聞或書籍：機智與迷人多一點，危機少一點、思考要創新：思路會轉彎，注意對方在意的事。調整心態，主動溝通、表達想法、積極聆聽。思考別人感受，也就是同理心，不斷提醒自己要面帶微笑，改變說話方式，說話更委婉、多鼓勵。

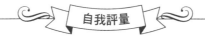

自我評量

1. 自我行銷表達方式有哪幾項要點。
2. 口語表達管理訓練有哪幾項要點。

Chapter 06

/

打造完美女性・
形象魅力塑造

　　優雅可說是看起來有美感的一種協調感，只是美麗能與生俱來，而優雅的展現卻是一門藝術。優雅（Elegant）是文明發展出的產物，也隨著文化的發展延伸而茁壯，它的字根來自拉丁文 eligere，代表「挑選」的意思。

　　優雅的層面相當廣泛，涉及行為舉止、談吐、空間的擺設與設計，以及生活藝術中的其他層次。本章我們所著墨的範圍將限定於優雅的個人穿著，以及穿著和時尚的關係。當然，真正優雅的女性，在其他各方面也理當優雅；一個不優雅的女性，即使將最精緻的服裝穿在身上，也無法展現它的效果。

　　本章將學習自信美儀、形象塑造與了解體型，讓讀者掌握得體打扮的藝術，透過美姿美儀課程的建議讓自己更為優雅的人。

6-1

自信美儀—形象塑造藝術

　　擁有優雅氣質的首要條件，就是了解自己，而了解自己則需要相當程度的自我省思和智慧。若盲目追隨時尚潮流，卻不去思考該如何調整，好讓造型更適合自己的體型、風格，即使現在流行的服裝，並不適合自己，也毫不猶豫地穿上，使得整體氣質與服裝充滿違合感，便是失敗的形象塑造。能夠抽離自己的個性特質，判斷出服裝對自己的侷限，需要一點獨立的個性，因為這些侷限有時只是掩飾自己的保護色；讓自己和大家一樣，就不用擔心被排斥，但其實能呈現自我優勢的人，才是眾人想要追隨的對象。

　　在生活或商職場上，贏得最佳的第一印象是成功的重要關鍵，充分展現個人風格與職場優勢，便能營造良好的第一印象和專業形象。要塑造良好形象，首先就要先了解個人色彩、個人風格和體型比例分析。

　　無論在職場上或社交場合中，一般人只花三秒的時間，就能根據你的外表、衣著、肢體語言和言行舉止來評價你。如果你在初次見面的瞬間，能馬上贏得別人對你的好印象，你有可能因此而得到好的工作、升遷機會、優良業績或合作計劃，接下來就要告訴你，如何充分展現個人魅力。

　　展現個人魅力有下列幾個原則：外表、態度、談吐與內涵。語言最多能表達六成的意思，其他可從端正儀容、面帶微笑、注視對方的眼神、積極應對等方式來表現。

6-2

形象建立─融合內外兼備

好的包裝會吸引人購買產品，但卻乏價值的內容物會讓人心生厭惡；而優良的內容物缺乏美麗包裝，難以吸引人們目光，就需要更多時間等待伯樂，中間的損失難以估計。一個人的形象也是相同道理，用外在美吸引他人，再用內在美留住好印象。

女性美能包涵多項的特質，外在包含：體態美、色彩美、姿態美、整體美；內在則包含聲音美、內涵美、個性美和才華美。優雅的美姿美儀，會呈現儀態萬千、風姿綽約的氣質，讓人賞心悅目。有些人雖然擁有專業實力，卻常因「穿錯衣服、說錯話、露過頭」，小則無法凸顯個人風格與特色，大則影響升遷或錯失良機甚而傷及儀態。

每個女性幾乎都有「衣櫥總是少一件衣服」的想法，但買的多不代表適合自己的也多，學習身材屬性、穿搭風格、彩妝梳化等技巧，讓服裝與彩妝為自己加分，無論身在何處，定可成為眾人矚目的「嬌點」。

外貌是天生，卻也可以靠後天進化，內在美的培養更可以優化個人氣質；內外兼備的美人，無論在穿衣風格、舉手投足與談吐間，都會散發出優雅高貴且令人舒服的氣息，讓自己像塊美麗有魅力的磁石，自然會將美好、良善的人事物吸引過來。

6-3

瞭解體型─展優勢蔽缺點

我們對於一個人的第一印象通常在幾秒鐘內就會形成，在形成之後，需要非常久的時間才能改變，而這印象有時可能會成為唯一的印象。在人際互動中，我們對於他人印象的形成主要是根據其穿著的服裝和肢體語言。前一章提到「7/38/55」定律，人們對一個人的信任只有 7% 是根據講話內容，38% 是看表達方式（口氣、手勢等），另外 55% 是觀其外表（儀容、儀態與服裝）。

　　藉由服裝的選擇與穿著，可以幫助表現或展示的「自我形象」：自己想塑造的，或是符合他人所期待的形象。不同的專業領域，均有其約定俗成的服裝規定（dress code），例如設計、行銷和科學領域就各有不同的理想專業形象，而不同的個人特質和專業形象，通常可藉由個人的整體造型去形塑。

　　一個人的整體造型包含儀容、儀態和服裝三個方面的整體呈現：

1. 儀容—包含臉部的整潔、化妝美容與頭髮造型，可經由學習找出適合自己臉型、角色的彩妝和髮型。

2. 儀態—包含肢體語言如：現身方式、目光接觸、體態姿勢、握手姿勢、個人空間和表情神態等。要讓衣服穿在身上看起來好看，在個人的肢體語言上也必須展現出高度的自信和優雅。
  平時可運用時間訓練自己的身體姿態。無論是在站姿、走姿或蹲姿，都要保持符合禮儀並展現出自信的態度。在臉部的表情神態上也要隨時保持微笑，並注意與人目光接觸時的眼神，保持親切、自然、炯然有神並正視對方，避免讓人感覺嚴肅高傲、目中無人或雙目無神。

3. 服裝—認識服裝的款式、色彩、圖案、材質、輪廓和細節設計，品牌和流行性都可能是一種具有象徵性意義的符號，妥當的運用和搭配可以塑造和傳達個人的形象訴求。選擇合適的內衣、絲襪、鞋子、皮包和眼鏡等，配戴適宜的飾品，例如質感好的別針、絲巾、珠寶首飾等都很容易創造出穿著者的個人風格和品味。

從奧斯卡的一顆星到成為王妃，Grace Kelly 擁有脫俗的儀容、端裝的儀態，以及符合其氣質的穿搭，至今仍是許多人心中高貴優雅的最佳範本。

認識個人體型

　　應選擇適合自己的性別、年齡、身材、個性和角色的服裝，形塑個人的自信風采。以性別為例，女性宜選擇女性化剪裁、可充分表現女性柔美特質、且不顯僵硬的設計的套裝。了解個人的體型身材，找出適當的合身尺寸，不管男女，均要避免過度暴露身材的衣著，容易讓人分心。以平衡為原則，用服裝強調自己身材的優點和隱藏缺點；同時認識自我個性，發展個人風格，除了「適合自己」以外，也「適時」、「適地」、「適場合、社會環境和文化脈絡」，符合當代潮流趨勢，但切記不要過度追求潮流。

　　體型分類是一個人展現魅力的穿衣基礎。越清楚自己的體型特色，越能掌握自己的衣著款式，穿出身材的魅力優勢。常見的體型分為五類，可依下列方式測量：

1. 請比較肩膀與臀部的寬度（1 英吋 = 2.54 公分）。

2. 請測量自己的三圍（胸圍、腰圍、臀圍）。

3. 參照右圖與測量的身體數字，找到自己的體型分類。

認識你的體型分類

　　這些體型分類，是以設計師公認最完美人體比例—古希臘女神維納斯的身材比例為基準，所得到的幾種體型類別。

倒三角型
肩膀寬厚，或是胸部較大，往往具有上身壯、下身細，倒三角形線條的特色。

西洋梨型
臀圍比胸圍大，臀寬也比肩膀寬，顯出正三角形線條。

蘋果型
胸部、腰部與臀部線條皆圓潤，三圍比例的差距不大，屬於圓形線條的美女。

直筒型
胸部、腰部與臀部的曲線差距不是很明顯，屬於長方形線條的特色。

沙漏型
三圍比例分明，腰部尤其細，擁有如沙漏般窈窕有致曲線。

START

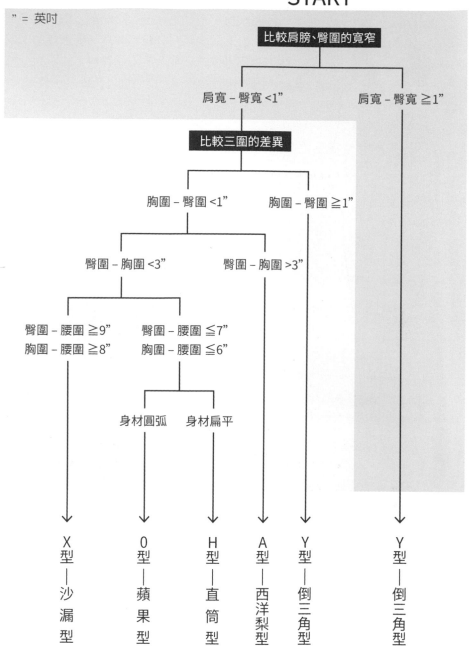

Y型｜倒三角型

　　倒三角形身型特點是肩膀較為寬闊，呈現上寬下窄，主要表現在雙肩距離寬、臀部線條不明顯、四肢比較纖細，大部分運動員為倒三角型身材，因為長時間訓練上臂肌肉，所以肩膀較寬。

穿搭要點 - 因應寬闊的上半身，可透過縮減肩部寬度的距離，拉長身形、平衡上下半身的視覺比例，擴張臀部的面積和調整全身輪廓進行身材的修飾。避免過寬的橫條紋上衣，寬袖寬版會加強上身膨脹效果，厚重衣物容易加重上半身份量。

上衣選擇 - 可穿著合身 V 領上衣、長版外套等，將視線轉移其他部位，柔和肩部寬闊的線條上衣，突顯下身曲線，讓比例更為協調。

下裝選擇 - 利用 A 字裙或連身洋裝放大下半身的視覺效果加以平衡比例，如造型老爺褲、寬褲都很適合。顏色可選擇明亮或者設計感較強的單品來吸引注意力，達到減弱上身明顯的線條。避免緊身貼腳的長褲或深色短裙短褲，容易造成頭重腳輕的視覺感。

試著這樣穿……

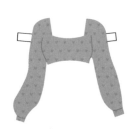

A 型｜西洋梨型

　　梨型體型的最大特點是臀部比肩膀寬，臀部圓潤，腰部纖細，屬於上窄下寬型，臀部和大腿是穿搭的修飾重點。

穿搭要點 - 需要將全身焦點往上半身移，同時強調腰線、修飾臀圍，平衡下半身比例，也可以用顏色來改善，透過上淺下深的方式來達到增加肩部寬闊度，收縮臀部的視覺效果。

上衣選擇 - 適合將注意力集中到肩部，如選擇有設計感的上衣，或加上墊肩或硬挺的設計單品，都很適合吸引目光。

下裝選擇 - 下半部適合強調合身單品，如緊身長褲，亦可選 A-line 洋裝、高腰線洋裝，搭配合身長褲可平衡比例，並修飾臀部大腿線條。避免選擇橫條紋或複雜花紋的下裝，以及合身針織洋裝，容易加重臀部的份量造成失衡。

O 型｜蘋果型

　　整體較為豐腴，腰部線條不明顯，全身呈圓滑的曲線。如許多歐美女性的身材。

穿搭要點 - 重點在於修飾上半身，拉長線條避免寬度，選擇硬挺材質和直條紋較不易讓身體曲線變形，以達修飾效果，能讓身材顯得瘦高。

避開過於緊貼或寬鬆的剪裁，如小領口、高領及寬鬆的服飾，或有放大效果的格紋、橫條圖樣，因為這類服飾都會讓身材顯得更加臃腫。顏色方面宜選擇深色，可以達到收縮效果。

上衣選擇 - 上身的穿著需要掩飾腹部，挺版的西裝版型及 OVERSIZE 的長版洋裝皆可以修飾身型，展現顯瘦的效果；露出頸部線條，配戴醒目的耳環、項鍊也能轉移成焦點。

下裝選擇 - 必須要簡約，可適時露出纖細的腿部，搭配跟鞋來拉長身體比例。

H 型｜直筒型

　　特點是身材清瘦，三圍比例平均，身體的曲線並不明顯，肩膀、胸部和臀部的尺寸差異小。這是女性中最常見的體型之一，多數的模特兒為此種體型。

穿搭要點 - 適合露出四肢以及強調腰線，選擇合身有層次感，避免過於寬鬆的剪裁衣物，但也不宜過於貼身，會暴露缺點。因為體型較直筒，也應避開長版衣著，以免讓身材顯得矮短無腰身。善用多層次搭配，增加身體的曲線感。

上衣選擇 - 建議搭配較誇張、帶有褶皺的的上衣像泡泡袖、蕾絲花邊、荷葉花邊，能讓身體富有曲線變化，並讓上衣紮進下擺，更能彰顯高挑的身材比例。

下裝選擇 - 可選擇讓臀部略顯豐腴的單品，如高腰褲，也能選有明顯腰線的連身洋裝，洋裝再搭配腰帶、腰封，都可以塑造出腰臀曲線比例、修飾身型，增添女性嫵媚。

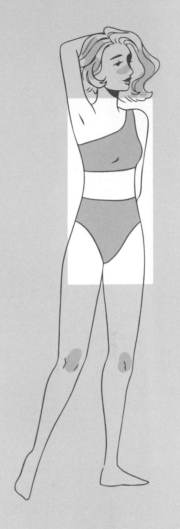

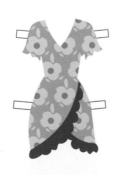

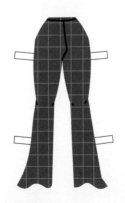

X 型｜沙漏型

　　所謂的沙漏體型，是所有女生的夢想完美體型，腰細且有豐腴上圍，肩寬略小於臀寬，使得腰部看起來格外纖細。沙漏型女性曲線在視覺比例突出，屬於豐滿中不失窈窕的身材。

穿搭要點 - 沙漏型女生胸豐臀寬，穿衣的優勢在於腰細，適合展現身材曲線的穿搭，可穿著合身衣物展現凹凸曲線，留意配上適當的裝飾，過多飾品可能會弱化原有的身材優點。

上衣選擇 - 上身選擇突出身體曲線為主，如修身T恤、束腰上衣將細腰露出來，展現整體婀娜多姿的曲線。

下裝選擇 - 大部分下著沙漏身型都能很好的駕馭，只要上下裝搭配協調就能展現最佳穿搭。

（圖片來源：Freepik）

6-4

穿衣哲學─穿出自我風格

　　穿搭就像是一門藝術，有如繪畫一般，需要細心安排顏色搭配，以及題材服裝單品，此外穿搭藝術絕不可缺少「輪廓比例」，比例是穿搭的要素之一，因為每個人的身材不同，每個人都需要對自己的體型有所了解，才能更準確的選擇出適合自己的服飾單品，並運用穿搭產生視線轉移、修飾比例等小技巧，達到截長補短的優勢，展現出最佳自信。

　　何謂風格？風格是結合一個人的五官、表情、身材、骨架、肢體語言等等外在形象與內涵個性後，所顯現出來的獨特氛圍。完整的個人包含內在與外在，因此一個恰如其分展現風格的人，給人相處越久越舒適、越看越美、餘韻無窮之感。

　　風格不是一夕而成的，如何清除衣櫃裡不適合的衣服，以及如何整理與規劃衣櫃裡的衣服，請依據個人色彩，風格、體型、個性、生活型態及預算，特別規劃出一個容易 Mix & Match 出獨一無二、實用又時尚的衣櫃。除了經濟效益，還能隨時隨地讓自己散發自信風采。

一、穿衣服要挑顏色

　　穿對顏色會讓自己看起來更健康、有活力，同時還年輕好幾歲，能夠與自己膚色、膚質、髮色、眼睛和臉部輪廓等諧調搭配的顏色就是個人色彩。香奈兒女士曾說：「最適合你的顏色，才是全世界最好的顏色」。學習如何利用個人色彩強化自己的優點，同時成功的掌握個人色彩的諧調搭配後，將更有自信挑選適合自己的顏色，並展現自己魅力的衣服。

　　「請問我適合穿什麼色？」、「請問我適合穿什麼款式的衣服？」或是「請問我適合戴什麼首飾？」等問題，其實答案就在自己身上！ 每個人的身上都擁有許多適合自我的造型，只等待著你運用、發揮它們而已。

天然髮色為帶紅調的咖啡色，可以穿著類似色的配件。

　　那麼，要如何從身上找到適合自己的造型？ 先看髮色，東方人的髮色雖然沒有像西方人那麼多元，仔細看會發現我們的頭髮顏色其實都是「天生挑染」，它不會是單純的某一個顏色，可能是混合著黑、深灰，或有著各式不同的咖啡色；或泛有橄欖綠的感覺，或是參差著不同的白色。你可以觀察，哪一種顏色是最多的？將這個顏色萃取出來用在你的造型上，就會非常好看。

　　例如：你的天然髮色為帶紅調的咖啡色，你可以讓它重複在造型中出現，像是穿著帶紅調的咖啡色衣著或是顏色對應的配件；而已經頭髮斑白的人，穿著白色衣服或有白色印花的衣服通常都會很好看。

　　除了頭髮的顏色外，可注意看看眼珠顏色—當有人的瞳孔顏色是淡淡的金咖啡色，這時穿著咖啡色系或是帶有金色的衣服，會讓他顯得特別貴氣，眼睛也特別閃耀迷人；若是眼睛的虹膜帶著明顯藍色的一圈，穿著藍色的單品都會好看。

二、穿衣配色原則

　　從一個人的用色、選色、配色，很容易窺探他的潛在性格，像活潑的女性偏好鮮豔色或做對比色的搭配；低調的女性則習慣穿著中性色、暗色的搭配。若要讓自己穿出品味優雅感，不妨學習以下配色法：

同色系配色　　　中性色配色

1. 同色系配色：同色系，就是相同顏色的深淺變化。比如全身都穿著藍色的衣物，但利用深淺不同的層次感，可以在協調的整體感中帶出活潑的意象。同色系搭配是創意者的入門搭配法，特別當妳要為一件特殊顏色的衣服找伴侶時，它讓妳不用花太多精神就能搭配出協調的視覺。

2. 中性色配色：全身中性色，很適合低調的人穿著，也是最安全的配色方式。中性色包含黑、灰、白、深藍、褐色系列等，它們所透露出來的色彩語彙沉穩得體，特別在各式職場場合中，都能令人泰然自若。

3. 相同顏色配色：全身穿相同顏色，在視覺上
   會呈現出「極緻」的感覺—極緻的保守、極
   緻的權威、極緻的熱情等。一般而言，全身
   穿相同的「中性色」，如全身黑色、全身灰
   色、全身白色時，在視覺效果上都是可以被
   接受的；但是全身穿相同的「鮮豔色」，如
   全身紅色、全身黃色、全身粉紅色時，如果
   沒有絕佳的搭配功力，很容易讓色彩掩蓋過
   自己本身的氣質，故應選擇與自身心性相像
   並喜愛的色調。

4. 對比色配色：「紅配綠，狗臭屁」，紅配綠、
   藍配橘、紫配黃等對比色，搭配起來相當搶
   眼，但也容易與人強烈刺激感。但只要配得
   好，善用色彩搭配原則，比如在明度與彩度
   上作變化、色彩面積比例的變換，或是加上
   中性色的衣物配件，就能釋放色彩的強烈力
   量，讓妳成為最閃耀的明星！

相同顏色配色　　　對比色配色

三、配合個人特色挑穿搭

　　觀察五官形狀與臉型也是找到適合自己款式有利的方法，例如：眼睛很圓
的人，穿著弧形線條的衣服就好看，像是泡泡袖上衣、花苞裙洋裝等；鼻子很
圓的人，多半搭配圓形錶面手錶都會好看。

　　了解個人時尚風格而加以發揮，就像建立個人品牌一樣，能使魅力指數加
乘上昇。自己的穿著品味透露出自己的個性與生活型態，同時創造出想要彰顯
的獨特形象。而個人風格的建立，是具挑戰性的。因為從會穿衣服到穿得很有
味道，從單純打扮外表到能將內在魅力穿出來，決定於你是否已經瞭解自己的
風格並建立。

　　那麼，要如何穿出自我、穿出成功？不妨利用「形象預期法則」，將自己夢想中的樣子書寫下來！

1. 我想要：

- 成為頂尖的業務高手。
- 成為專業的領導者。
- 變成一個有風格品味的人。
- 成為企業家。
- 挑戰高端客戶並且讓他們喜歡我 ......

2. 接著，將您的願望化成實際的形象需求寫下來，我需要 ......

- 讓我的外表看起來更稱頭。
- 加強領導能力。
- 練習優雅迷人的說話方式。
- 需要磨練具有說服力的簡報方式。
- 學習和高端客戶相處之道⋯⋯等。

　　將以上方法活用，更能準掌握自己需要調整學習的項目。

四、從穿的對進化到穿的好

　　衣服適合自己的就是最好的。穿衣可分三層境界：第一層是和諧，第二層是美感，第三層是個性。時尚發展到今日，其成熟已經體現為完美的搭配而非單件的精采。應該多花些時間和精力在服裝的搭配上，不僅能讓你以 10 件衣服穿出 20 款搭配，而且還鍛煉自己的審美品味。

　　以下舉例衣飾的選擇：

1. 經典很重要，時髦也很重要，但不能忘記的是一點匠心獨具的別緻。

2. 優雅的衣著有溫柔味道及高貴。

3. 白色是都市永遠的流行色，但如果臉色不太好，白色是最好的選擇，加入灰色的彩色既亮麗又不會太炫，是合適的選擇。

4. 逐步建立自己的審美方向和色彩體系，不要讓衣櫥成為色彩王國。選擇白、黑色、米色等基礎色作為日常著裝的主色調，而在飾品上活躍色彩。有助於建立自己的著裝風格，給人留下明確的印象。而且由於色彩上不會衝撞，也可以提高衣服間的搭配指數。

5. 無論在色彩還是細節上，相近元素的使用雖然安全卻不免平淡，適當運用對立元素，巧妙結合，會有事半功倍的美妙效果。

6. 每個季節都會有新的流行元素出台，不要盲目跟風，讓自己變成潮流預報員，反而失去了自己的風格。關鍵是購買經典款式的衣飾，耐穿、耐看，同時加入一些潮流元素，不至於太顯沉悶。

7. 重視配飾，衣服僅僅是第一步，在預算中留出配飾的空間，認為配飾可有可無的人是沒有品味的。

8. 閃亮的衣飾在晚宴和 Party 上將會永遠風行，但全身除首飾以外的亮點不要超過 2 個，否則還不如一件都沒有。

9. 總之服飾的搭配很重要。不管是顏色的搭配，還是款式的搭配，以及飾物的搭配，都要和諧才是最好的。

10. 一件品質精緻的白襯衫是你衣櫥中不能缺少的，沒有任何衣飾比它更加能夠千變萬化。

11. 衣服可以給予女人很多種曲線，其中最美的依然是 S 形，襯托出女性苗條、修長的身段，女人味兒十足。

12. 即使你的衣服不是每天都洗，但也要在條件許可的情況下爭取每天都更換一下，兩套衣服輪流穿著一週，比一套衣服連著穿三天會更加讓人覺得你整潔、有條理。

13. 選擇精良材質的保暖外套，裏面則穿上輕薄的毛衣或襯衫，這樣的國際化著裝原則將會越來越流行。

14. 沒有所謂的流行，穿出自己的個性就是真正的流行。

15. 聰明、理智的你買衣服時可以根據下面三個標準選擇，不符合其中任何一個的都不要掏出錢包：你喜歡的、你適合的、你需要的。

16. 不要太注重品牌，這樣往往會讓你忽視了內涵。

利用飾品、配件增添色彩。

五、改善外表增加競爭力

如何改善自己的外表以增加競爭力，外在儀容不但是給人的第一印象，更是形塑個人定位的重要指標。而在萬事講求行銷包裝的時代，在職場生存不能只靠實力，更要有美力，才能適時表現自我、展現自信，並突顯職場的專業。那麼要如何擁有「美化個人特色的能力？」提供以下方法給大家：

（一）找出自己內在的特點

如果把你自己當成「產品」，想要成功行銷出去的第一步，就是「找出產品的特點」。特點不只是外表，更重要的是你的內在，你的內在特點為何？活潑熱情、沈穩大方，還是溫柔婉約、嚴謹小心？因為不同的髮型、不同的服飾元素、不同的搭配重點，都會讓你的外表看起來不一樣；哪一種外表能如實演譯出自我的內在，傳達出真正的你，就在於讓外表穿出你真正的特點。

（二）傳達想被人看到的特質

透過以上的方式找到自己許多特點，接下來要思考的是，在現階段最想讓人看到、了解的特質是什麼？也許本身具備熱情、親切、可愛、少根筋等眾多特點，但又希望讓人看到熱情活力的領導特質，那麼就需要有一套剪裁經典的西裝／套裝，加上亮色領帶或絲巾，在沈穩專業的領導外表中點綴出專屬的熱情活力。若希望獲得更高的職位，建議增加有質感衣服和名牌配件。

（三）擬定學習「治本」計畫

外表的改變可以透過衣服造型、變髮、化妝或是微整形達到想要的效果，但是要真正找到問題癥結點，需要經由專業的學習及美姿美儀。除了外表的調整，增加商場禮儀的學習或口語表達的訓練，還須依據個人希望達到的目標選擇對的方式，減少「迷路」、「摸索」的時間，達到美化個人特色，讓專業的實力得以全然展現。

良好的外型條件固然能強化與人互動時的好感度，為個人職場條件加分，但職場裝扮不能過之而不及；「不及」會讓人覺得你名不符實，而「太過」則會淪為只注重自己外表的印象；最好的形象是讓自己「內外兼備」，就能讓你發揮最大競爭力，幫助你在職涯道路上增加機會。

（四）建立品味的秘訣

1. 學習欣賞簡單的美學

「簡單」指的是穿著的態度和對服裝款式和品質的要求。代表對任何基本動作的堅持和認同。一件衣服的做工紮實，就等於展示了某種程度的品質。

裁剪簡單、色調純，衣服的品質更是無法遁形；而且講求回到原點、不以花俏取勝的服裝品味，也提醒穿著者認清身材優缺點，簡單是一切品味的基礎。

2. 找出適合自己的「型」

喜歡的服裝並不代表一定合適放到自己身上，錯誤中學習是很多人共同的成長經驗，服裝品味也不例外，人難免不犯錯，從積極一點的角度來看，嘗試錯誤的過程中，也是找出合適自己的「型」的好機會。

穿衣服要找出適合自己的「型」。

先問自己，衣服對自己而言最重要的作用是什麼？表現創意、還是有助建立形象？想表達的個性是幽默還是中規中矩？什麼顏色最合自己的膚色？以上都可以從鏡子裡找到答案。儘管喜歡綠色，但若綠色穿在身上顯得膚色灰暗，就該去尋找更適合自己的色彩。當然，身邊的朋友應該也是另一面會說話的鏡子，朋友的稱讚是真心抑或敷衍，都值得參考。一個有個性的「型」，有的時候，比打扮得花枝招展更來得令人印象深刻。

3. 逐步建構理想的衣櫃

也許有人會以經濟條件受限作為穿不出品味的藉口，但是有心的人會採取逐步、分段和選擇重點式的採購，建立理想的的穿著品質。如果很欣賞某個自己一時之間下不了手的服裝品牌，不妨趁折扣的時候，慢慢地由單品開始採買，然後逐一汰渙掉衣櫃裡的次級品。

有一天，你會發覺任何時間穿上身的衣服，件件精品、件件精彩時，也就是可以感覺出衣櫃「質感」的時候了。這種漸進的方式，一點也不會有把錢都花在治裝上的「罪惡感」了！

4. 認清身材優缺點

利用服裝剪裁、色調來修飾身材之前，當然得弄清楚身材優缺點，除了利用前述的體型檢視方式外，平肩還是斜肩？身上那兒比例較佳？小腹和腰圍需不需要遮掩？這些身材上的「個人資料」都是選購衣服時，很有參考價值的依據。一個講究衣著的人，會善加利用時裝達到美化的目的，而認清自己的身材，應該是最基本的認知，當確實理解了身體的優缺點，挑選衣服時自然會排除那些無法位自己加分的設計。

1分鐘判斷你的肩型

薄肩型（窄肩）

厚肩型（寬肩）

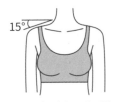
平肩型（一字肩）

斜肩型（溜肩）

可藉由判斷肩型的類別，選擇合適的上衣，認清身材的優缺點，才能挑選到最適合自己的服裝。

5. 不妨「迷信」一個品牌

先不要急著否定品牌的價值，這些出自名家之手的作品，因為身為名牌，不但具備品質上的保證，同時，也在設計風格上較為明確，其實對於建立個人風格來說，名牌有其積極的意義。

10大熱門平價服飾品牌聲量

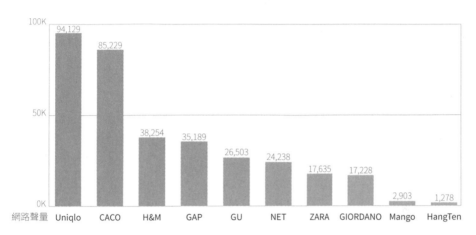

營造自身形象不一定得花大錢，如何以合理的治裝費穿搭出屬於自己的風格，便成為一項重要課題。（資料來源：台灣調查網）

休閒、狂野、優雅或頹廢，這些風格鮮明的名牌，透過各種形式和管道塑造出不同類別的選擇，鎖定一個合適自己個性和穿著習慣的品牌，也算是樹立風格的方法之一。

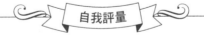

自我評量

1. 請嘗試各種不同的穿衣配色，比較這些配色產生的感覺。

2. 請檢視自己的身型，試著找出自己的 OK 與 NG 穿搭。

3. 你的衣櫃是理想衣櫃嗎？請檢視哪些衣服是實穿好搭、哪些是難以搭配或超過一年以上沒有再穿的。

Chapter 07

07

/

打造完美男性·
形象魅力塑造

　　男性形象是展現男性美的關鍵元素，在競爭激烈的現代社會中，它不僅是吸引兩性關注的要素，更是成功的敲門磚。除了內在修養，現代男性應注重對外在形象的精心打造，包括言談舉止、衣著髮型、社交交友等方面。良好的個人形象不僅是競爭力的體現，更是通向成功的必經之路，涵蓋內外在多方面的細節，是人生旅途中不可忽視的一門必修課。

7-1

形象定位—形象賦予價值

　　男士的成功是多方面因素決定的，其中形象是重要因素之一。形象不僅能展現男士的風度與魅力，還體現了男士的內在精神風貌、個人學識及文化素養，是男士立足社會的基本前提，也是男士成就事業、獲得美好人生的重要條件。

　　男士形象不佳，不僅暴露出其本人的素質不佳、意志薄弱等弱點，還在各個方面給自己帶來失意與沮喪、難堪和尷尬，甚至是事業的阻礙、生意的失敗。因而，男士身處社會中，注重儀表形象，修煉內在素質，成為人生旅途中的一門必修課。

　　形象賦予了一個人一定的價值；一個大學的事業策劃與評估中心，曾對 200 位公司老闆進行了諮詢，他們發現這些公司在招聘新員工時，經過第一次面試，工作申請遭到拒絕的首要理由，便是不佳的個人形象。

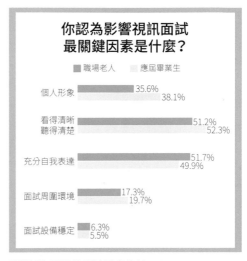

影響視訊面視的關鍵因素統計。
時代傳媒《2022 年春季就業觀察報告》。

　　形象的價值也體現在事業的發展上；有一家跨國公司在提拔一位高級經理時，把候選人的形象與行為舉止當做一個重要條件加以考慮。因為在他們看來，商務生活是快節奏的、刻不容緩的，時間就是金錢，從外表形象上區分人是一個有效的捷徑，人們經常會無意識地採用這種方式看待一個人。

7-2

瞭解體型—展優勢蔽缺點

一、髮型是目光的第一個焦點

髮型能展現自我，每一個男士的頭型、臉型不同，就要選擇適合自己的髮型。每個人會根據自己的喜好，來選擇自己的髮型，一個使得自己看起來很精神的髮型，總是不失為最佳的選擇。

在社交場合，人們看對方，目光總會最先投向對方的頭上。一個有上進心的男士，會以良好的儀表形象示人，而髮型則是儀表的重要組成部分。髮型不一定要合乎時尚，符合自己的整體形象即可；但是髮型不要過於老式，過時的髮型，說明一個男士已經失去了對於時尚的敏感，別人眼中的整體形象就會打折。

（一）選擇適合自己的髮型

選擇一個好的髮型，要考慮自己的臉型和髮質，同時還要考慮到現在流行的髮型。生活中很多人都不知道自己應該選擇一個什麼樣的髮型，可依循以下兩種方式：第一，參考髮型師的建議，依臉型和職業需求設計；第二，鑑識別人的髮型，即觀察你的同儕、客戶和好朋友，從中找到自己喜歡的髮型。

（二）保持維護自己的髮型

選擇髮型之後就是保持髮型，每隔一個月的時間就要理髮，保持形象的完美；可以向髮型師詢問對美髮產品的建議，並定期護髮。

髮型能表現個人特質。

　　乾燥的頭髮容易斷裂分岔，可以噴上一些保濕用品加強頭髮的保溼。過度地使用毛巾擦頭髮會損壞髮質，應該用大毛巾將頭髮包起來，然後輕輕按壓，慢慢擦乾。洗髮之後要先把頭髮梳好，再把頭髮晾乾，或者用吹風機吹乾，也可以使用電熱棒定型，使頭髮更加蓬鬆。注意過多地使用加熱工具，或是經常用吹風機的大風吹頭髮的話，髮色光澤會降低，甚至會變成乾枯狀的褐色，最好是用微風或冷風慢慢吹乾，較不傷髮質。

（三）髮型要能與職業相配

　　男士想要選擇什麼樣的髮型，必須要考慮自己所從事的職業。例如上班族，普通的短髮即可；如果是業務員，適合選擇短髮，以表現精幹的形象；如果從事時尚設計產業，可以在頭髮上多做一些創意變化，凸顯自我風格。對於男士而言，最安全的選擇是短的、整潔而有型的髮型，但無論頭髮長短，都要精心梳理。

（四）慎重選擇染髮的顏色

　　在選擇染髮顏色上，男士要慎重考慮。男士最常見的染髮顏色是黑色，如果你的職業許可，也可以選擇棕色。建議向專業人士諮詢，選擇一種合適的頭髮顏色，同時考慮保養頭髮的方便性。

以男性而言，若從事服務業，長髮會讓人感覺不整潔；但若從事時尚產業，則被視為個性的表現。

　　如果選擇染髮，有 3 點要注意：

1. 染髮後會在你下一次的洗頭或出汗的時候掉色，依顏色、頭髮漂染程度、品質、季節等因素，掉色的程度有所不同，過高的水溫、海水、溫泉、泳池、日曬也都是導致褪色的因素。

2. 染髮前後作護髮，以及日常使用護色洗髮精，皆可以減緩髮色褪色。但是染燙後一個半月內不建議做加熱型護髮，蛋白質會膨脹擠出色素，反而會加快掉色！

3. 害怕新髮長出來導致髮色分層？唯一的解決辦法，是每隔 4 ～ 6 週把新長出的頭髮再染一遍。

　　一個新式的、好的髮型，能讓人擁有一個年輕的外表和完美的形象。男士要想給對方留下好的外表印象，就必須在自己的髮型上多下點功夫。

二、臉部形象決定你的吸引力

「臉」是一個人的符號，當別人想起你時，在腦海中首先就浮現出你的面容；比如好久不見的朋友，你可能一時叫不出名字，卻能想起記憶中的那張臉。

男士的臉龐雖然沒有女性的臉蛋嬌柔，但也必須進行護理；因為男士的臉部皮膚通常較為粗糙，不經常護理，就會顯得灰暗，甚至會出現痤瘡、曬斑等，使你的形象大打折扣。所以，如果想要給別人留下帥氣的印象，就必須做好基本的臉部保護與潔淨。

留鬍前可用 APP 嘗試不同造型。
（圖片來源：玩美彩妝）

要保持光采的男士形象，第一步就是早晚洗臉清潔，肌膚偏油的人，可以中午也洗一次臉，別讓臉部總是油亮亮。此外，還應該根據自己的面部皮膚類型，精心挑選皮膚清潔與護理用品。尤其很多男士以為只要臉不油就好，卻忘了「防曬」與「保溼」，長久忽略肌膚就容易老化鬆弛，看起來比實際年齡還衰老，使得魅力大打折扣。

另外勤剃鬍鬚也是男士應該經常進行的一項臉部護理工作；儘管我們常看到外國男星留一臉大鬍子，但亞洲男性的鬍子通常較為稀疏，往往想留落腮鬍，卻變成師爺鬍或是山羊鬍，所以還是將鬍鬚清潔乾淨為佳。如果想要留鬍子，一定要時常修剪整理，適當的鬍鬚造型可以塑造臉部線條。修剪鬍子除了基本的剃刀，亦可以搭配小剪刀做細部修剪。

三、男士體型的穿著分析

男士們在體型與穿搭上的重點和女士們略有不同，女士們強調的是身體曲線，男士們反而不宜凸顯腰臀線條，看起來會過於陰柔。以下簡單將男士體型分為四類，提供穿搭意見，基本原則就是「收縮寬的、放大窄的、拉高矮的」，調整視覺上的身型：

高胖型	
款式	式樣簡單，衣服要適當寬鬆，不可過於寬大或緊束，忌諱衣料偏軟與貼身版型。
領型	V 領、U 領或 POLO 領。
線條	直線或斜線。
色彩	深色有收縮效果，大圖樣會讓身型感覺縮小。
質料	適合硬挺質料。垂墜性布料、發光、粗厚、貼身、長毛衣料均不適宜。
配飾	較大的配件與飾品。

高瘦型	
款式	保持身高比例，增加身材厚實度，翻摺、皺摺設計能增加份量。避免合身版型與深色外套。
領型	圓領、橢圓領。
線條	柔和線條、橫條紋。
色彩	鮮豔明亮、對比具膨脹的色彩。
質料	較挺而厚實的布料或大格子、長毛織物。
配飾	利用配飾增加份量，或是增加穿搭的層次感，比如寬皮帶、腰部綁襯衫、西裝背心等。

矮胖型	
款式	式樣簡單、合身（不能緊身），以顯瘦為重點。
領型	V 領或 POLO 領。
線條	垂直線為最佳，避免橫寬線條。內紮上衣可能更顯寬。
色彩	上身可採外亮內暗搭配，下身避免穿淺色會有膨脹效果，上下身可選同色系拉長身形。避免單穿鮮豔色或大片圖樣。
質料	垂墜性布料。
配飾	配飾宜大小適中。

矮瘦型	
款式	增厚修飾穿出高挑份量感，褲子長度適當不要在鞋面上有過多皺摺，避免太過緊身的款式。
領型	高領及窄領，避免 V 領。
線條	直條紋或細格紋，拉高腰線。
色彩	採同色系或鄰近色的配色，適合亮色、鮮豔色彩，可大膽嘗試各種花紋圖樣。
質料	微挺織物的質料。
配飾	精巧細緻的飾品為佳。

四、精穿細著—評估、除舊、更新—掌握簡緻流程法

　　了解體型的穿搭技巧後，就要來整理衣櫃。完美衣櫃的建立不可能一夕造成，你也許已經為自己打造了一個衣櫃，可是卻不合你用，因為你並沒有用心找出自己的需要，你買了流行單品，可是不懂搭配或根本不適合你，結果那些衣服反而變成麻煩來源。另外一種可能就是：你的衣櫃根本已經完全過時！

　　當需要出席一場專業講座時，卻發現，所有你平常穿的衣服都是玩耍用的衣服！？當然，也許你穿這些衣服經常得到他人的讚美，而且這些衣服也很適合穿著上高級餐廳，不過，你的工作需要認真對待，所以必須要有能配合職場的服裝。

　　我們用以下三個簡單的步驟，來建立你的理想衣櫃：

混亂的衣櫃，難以為你效勞。

（一）評估：你的生活、你的衣櫃

　　要想評估你的服裝需要，第一步就是必須明白，你的衣櫃就跟你的桌子一樣，常用的、必要的放在近處，特別的、貴重的、不常用到的就收進抽屜；所有東西要分門別類排列整齊，才容易尋找。

　　同理可用在襯衫、領帶、鞋子和西裝上；根據工作與玩耍、工作日與週末，重新安排你的衣櫃。將西裝跟獵裝式外套放在一起，牛仔褲則跟卡其褲掛在一起；你的正式襯衫（尤其是白襯衫），應該跟你週六穿的休閒襯衫有所區別；運動鞋不要跟正式的鞋子混在一團，諸如此類。花一點心思，你的衣櫃就能為你效力。

你的生活，你的衣櫃。

（二）除舊：去蕪存菁

現在你的衣櫃已經排列整齊，看看裡面有什麼東西。

一整年都沒穿過的衣服？丟掉它們。

尺寸太大的外套？拿去修改。

小了兩號的長褲？把它們送給比較瘦的朋友。

上面有醬油汙漬的領帶？送去乾洗。

開口笑的鞋子？丟了它吧！

接下來就是利用分類法來為你的衣櫃乾坤挪移的時候了。如果有某件衣服你無法決定應不應該丟掉，給你一個聰明的評估標準：十年後，你想不想看到自己穿著這件衣服的照片？如果不想，就淘汰！

（三）更新：為你的衣櫃添購新裝

一旦你已經移走所有不需要或感到不舒服的單品後，就可以看看還缺什麼。會不會襯衫夠穿，可是領帶卻太少？長褲太多，但是卻只有一雙鞋子？只有白襪，沒有黑襪子？皮帶的顏色和皮鞋不配？

還需要什麼東西？最好的辦法就是列清單。在第一欄列出你衣櫃裡所有的東西，然後在旁邊的一欄，列出所有可以讓該單品更有變化的服飾。

表格右邊就是你的購物清單，衣櫃裡已經有的單品就可以劃掉，如果清單上有單品可以同時跟衣櫃裡其他東西搭配（如：灰色長褲），把這些單品圈起來，優先採購。一樣單品至少要可以跟二樣以上的單品搭配，購買的東西搭配性越強，表示購買者越精明。

我現有的服飾	可以搭配的服飾
黑色休閒外套	白襯衫
	黑領帶
	灰長褲
	黑長褲
	黑鞋子
	灰色線衫

7-3

時尚潮流—西服襯衫領帶

　　穿著西裝是一門學問，有許多講究的細節，很多男士都搞不清，先選西裝，再選襯衫，後選領帶，以下是挑選與穿著西裝時的要點：

一、西裝外套的挑選與穿著

　　選擇尺寸首先要合肩及合身，肩寬原則為不讓袖子的接縫處和肩膀差距過大，否則會讓袖峰有崩塌的現象。衣身的寬度是以外套扣上第一顆扣子的狀態下，可以放一個手掌的寬鬆度最剛好，太緊或太鬆容易出現皺摺，而失去西裝的直挺感。太小件的西裝會顯得緊縮，太大件的西裝會讓身材變得直筒，尺寸合適的西裝外套穿起來會顯出自然腰身。

　　傳統西裝試長度的方法是把雙手垂下，衣長剛好到臀部下緣，或者是把手自然下垂後，衣長落在手掌虎口處。西裝是男性的門面及品味象徵，穿著不合身的服裝，太長太短都會顯得突兀沒品味。

　　傳統的西裝外套袖長在手臂自然下垂時，大約會超過手腕 1 英吋（約 2.5 公分），但現代年輕化的西裝，外套袖長會落在手腕處，讓襯衫袖口露出約 1 ～ 1.5 公分。

　　如果只想買一件西裝，可以選深灰色，它不如黑色沈重，更適合搭配不同顏色、不同風格的服飾。

合身的西裝會顯出自然腰身。

一般穿西裝外套時，最後一顆扭
扣不扣。

襯衫下擺長度宜超過腰部 10~15
公分，方便紮進西裝褲。

（一）三顆鈕以上最後一顆不扣

穿西裝並非避寒擋風，鈕子全扣十分不適宜，顯得土氣。建議男士們，單排單顆鈕時，可扣可不扣；雙顆扣時最後一顆不扣；三顆鈕以上，最後一顆鈕不扣。但坐下前要記得先解開扭扣，外套才能隨著身體的弧度，自然服貼地順勢而下，否則腹部會出現緊繃的皺摺，十分不好看。

（二）別留下袖標假縫

若留著西裝上的標籤，確實是可以讓人一清二楚的看到你穿著什麼好品牌，但這樣做很俗氣。袖標是為了展示銷售用的，還是拿掉比較好。另外，開岔的假縫是在銷售時為怕變形固定用的，穿著時要記得拆掉。

二、襯衫的穿著

當襯衫搭配西裝時，一定要注意到背後領子的高低。從背後看，基本上要保持襯衫領高於西裝領約 1.5 公分的位置，如果襯衫領完全被西裝領蓋住，容易顯得短頸。襯衫與西裝的領寬也要相襯，若穿一件復古的寬領襯衫，就不宜搭上 V 領的外套。

襯衫袖子和衣身的接合處，最好要落在肩膀邊緣，衣長以超過腰部 10 到 15 公分最佳，在穿著襯衫搭配西裝褲時，可紮進褲子裡，並且不會因為活動的關係，而輕易被拉出襯衫的下襬。選擇襯衫時可從以下三處觀察：

（一）領口

衣領縫製是否細心，可以從「領座」所形成的角度來判斷，領座指翻領與襯衫相接、立起來的部分。考慮到合身感或是活動性良好的立體剪裁襯衫，領座的角度大部分是呈現垂直站立的角度；相反的領座不夠立體的話，看起來缺乏合身感，也破壞了領子的美感。

一般現成的襯衫都以領圍的尺寸來區分尺寸的大小。領圍要在襯衫最上的第一顆扣子扣上後，與脖子中間還可伸入 1、2 根手指，為最舒適理想的寬鬆度。

領座多為垂直站立的角度

領圍寬鬆度不超過 2 根手指

領口的選擇。

（二）肩線

肩線位置須落在肩峰正中央，並與實際肩寬相匹配，肩線過寬會使襯衫看起來過大，而肩線過窄則會顯得不合身。理想情況下，肩線應該與肩膀自然連接，不會過度延伸或收縮。

連接袖子和身體部分的袖下也要檢查看看，彎曲線明顯的衣袖，不但兼具合身感和活動自由的效果，更可看出這件襯衫是有品質及用心的。穿著時若袖下部分較小，手臂會難以靈活運動；如果袖下的曲線是呈現直線的話，腋下處就會顯的寬大不合身，就無法穿出瀟灑感覺。

襯衫的縫線須落在肩峰正中央。

（三）袖長

襯衫的袖長會長於外套，但不要超過虎口，袖口以接近手腕骨凸起處為主，略長於外套 1～1.5 公分為佳。

袖口略長於外套 1 公分左右，最為標準。

西裝褲長以蓋過鞋口邊緣，
並能自然彎曲一折為佳。

三、西裝褲的挑選與穿著

挑選西裝褲時，穿著皮鞋來丈量長度最準，長度應剛好到腳踝，或是皮鞋的上緣，以蓋過鞋口邊緣並能自然彎曲一折為佳。試穿時除了看整體版型，記得要坐下（或蹲下）再站起，感覺看看下半身不會太緊。穿著太寬鬆的西裝褲並不好看，但也別改的太貼身；許多男士喜歡穿著貼身的窄管褲，但西裝布本身並不是具有良好彈性的布料，褲子改的太緊貼，會難以活動，過細的雙腳也會造成上下重量感不均。

四、領帶的挑選

領帶的寬窄，應與西裝的翻領的寬窄相配，領型不同的襯衫，要搭配的領結也該不同。基本的領結，有平結、溫莎結或半溫莎結。領結與襯衫領子的關係是，寬版的領寬就配大一點的領結，反之則是較小的領結；有鈕領或是短領，就適合打上平結，因為平結只需繞一圈，領結最小，若這時你打上溫莎結，會感到破壞平衡。

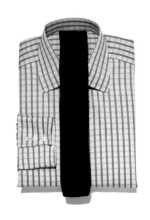

領帶雖是男性服裝中最搶眼的部分，但在穿著時首先要把注意力集中在襯衫與西裝上衣的搭配。簡單的顏色搭配法，就是由外向內逐漸變淡的同色系，一旦確定好襯衫與上衣的搭配，選擇領帶就不會太困難。

大部分的人選擇西裝都是以深色為主，深色的外套，往內通常配淡色的襯衫，再配上深色的領帶。如一套黑色的西裝，搭配一件白色襯衫，再搭配一條深灰色領帶，取淡色系於兩深色之間，輕易就能展現出高格調的質感。就圖案而言，領帶上的圖案應該比襯衫上的更顯眼，領帶上的圖案顏色絕不能被襯衫壓過去。

就圖案而言，領帶應該比襯衫更顯眼。

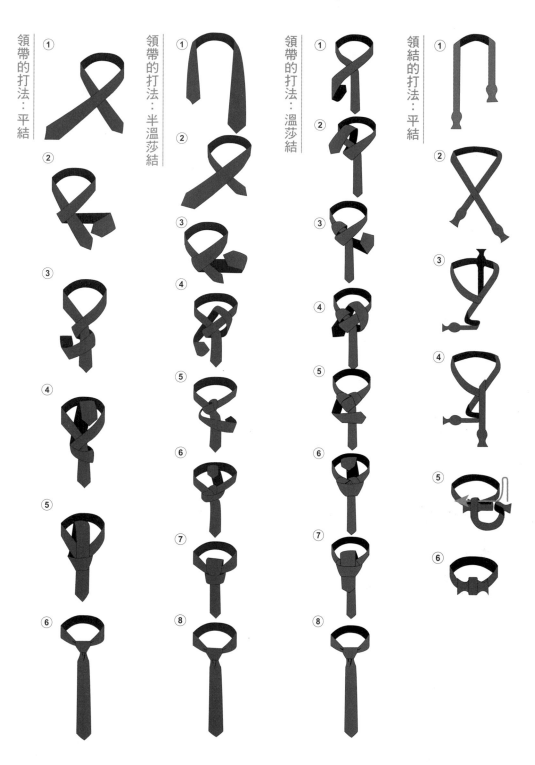

領結的打法：平結
① ② ③ ④ ⑤ ⑥

領帶的打法：溫莎結
① ② ③ ④ ⑤ ⑥ ⑦ ⑧

領帶的打法：半溫莎結
① ② ③ ④ ⑤ ⑥ ⑦ ⑧

領帶的打法：平結
① ② ③ ④ ⑤ ⑥

五、男士禮服的挑選

禮服，也稱為社交服，是參加隆重儀式或宴會所穿著的正式服裝。通常男士穿著西裝，便足以應付一般的正式場合，但若是婚禮、酒會、宴會和國際典禮，穿著禮服會是較好的選擇，搭配上主要都是搭配領結，還會配戴領巾，以下簡單介紹男士的禮服：

（一）燕尾服 / 夜禮服

著裝要求（Dress code）中的「White Tie」，後擺拉長如燕子的尾巴，一般是在夜間的正式活動穿著，稱為 full evening dress 或 formal dress，現在主要是在演奏會、婚禮或表演場合才會看到。前胸有雙排扣，一排有三顆扭扣，袖口鑿有四顆袖扣，多為深色，搭配白襯衫和白背心，配戴白手套。

（二）晨禮服

白天參加慶典、教堂禮拜或婚禮的正式禮服，在台灣相當少見。外型與燕尾服相似，採用單排扣，前部僅扣中間的一個鈕子，其最大的特色是上下身不同色，黑色外套搭配白襯衫，背心和西裝褲則是灰色的。

（三）平口禮服

台灣俗稱的「禮服」或西裝禮服，英文為「Tuxedo」，沒有增長的尾巴，有單排扣或雙排扣的設計，為簡版燕尾服，也被稱為 Semi-formal，看到著裝要求寫「Black Tie」就知道是穿這一套，也是出席重要場合的最低限度衣著。

燕尾服。　　　　　　晨禮服。　　　　　　平口禮服。

六、男士西裝的顏色搭配

西裝的領子、袖子、褲長等小細節都可以看出一個人的個性；比如領帶、胸巾的花色，這些小地方會透露出連你自己都沒發現的個人特質。

簡單乾淨是服裝搭配的王道，大多數男士對於時尚的感覺不夠靈敏，如果你對自己的選擇和品味沒信心，就不要企圖標新立異。尤其襯衫與領帶的搭配，是男士的第一門面，每一件穿在你身上的衣服，都要講究和諧，要讓自己和別人都感到舒服。

（一）同色系的搭配

在領帶的部分已提到，由外向內逐漸變淡的同色系，是最簡單的搭配法。同色系的搭配不僅適用於普通穿著，也是襯衫及領帶互搭最安全得體的方式，如果你對自己的搭配沒有很大的把握，不妨試試，搭配時領帶的顏色應該比襯衫的顏色暗，但它們也可以是完全相同的顏色。

同色系的搭配

（二）運用視覺落差

運用視覺的落差，讓領帶成為服裝的亮點，這也是普遍常使用的搭配法。永恆的時尚搭配是白色或淺藍色襯衫，配上單色或有明亮圖案的領帶，這是適合任何場合的組合。

就算穿著簡單，也要讓自己成為有特色的潮男。禮服的重點在於領子，在正式社交場合，暗色的西裝只要在領子上秀出變化，就會讓整個人發亮起來，普通的西裝立即成為出色的禮服。

運用視覺落差：有花紋的領帶

（三）穿上條紋襯衫

常見的條紋襯衫款式多以白色為底色，然後印有間隔平均的細條紋，而細條紋的顏色就決定襯衫的色系，所以在選擇領帶時，走同一色調但顏色較為飽和的樣式，就不易出錯。

運用視覺落差：亮色領帶

（四）職業形象營造

若你想要營造精明幹練的主管形象，可多考慮冷色調（藍色、黑色），如果你想要表現熱情有勁親和力強，就以暖色系為主（紫色、粉紅、棗紅）。花色可以是斜織紋或是細圓點，成熟的上班族也可以選直線條規則紋路的領帶花色，但顏色不要太雜，也是很適合的搭配法。

條紋襯衫的配色、冷色系配色、暖色系配色。

（五）半正式的場合

如果你要參加屬於朋友的聚會，襯衫外搭圓領或尖領毛衣，或是單穿高領毛衣，再配上牛仔褲的帥氣，外搭一件絨布領西裝，灑脫的半正式穿著簡單完成，這種穿法讓你在各種愉快派對裡，能夠恣意遊走於成熟與年輕的魅力間。

（六）晚宴派對法寶

在宴會或派對時，華麗的亮片領、優雅的絨面領以及高貴的緞面領，都會讓你的魅力指數加分。若能找到可以換領的西裝，既符合經濟效益又能有更多變化。

對直挺西裝感到厭倦，在冬天可以穿上絨布材質，布料在宴會的燈光照射下會隱約反射光芒，使你的低調奢華更進一步彰顯而引人注目。選擇易吸引目光焦點的絨質衣服時，切記要和整體造型的顏色搭配上，才不會俗氣，若對自己穿著配色沒有把握，可以選擇永遠不變的黑色優雅！

（七）品牌代表品味

什麼樣的人穿什麼樣的衣服，例如穿 Armani 衣服的男人是屬於成功、有權力、有品味的人，不是因為服裝貴，而是因為 Armani 採用最高級的布料，除了有著無與倫比的舒適外，在設計方面也堅持著大師級的經典優雅。服裝會給予穿著它的人不同面貌，而品牌代表的深層意義，遠比服裝本身呈現出來的表象還更富趣味，這也是好的時尚品牌能屹立不搖的原因。

7-4

形象管理—打造完美男性

　　禮儀風尚是發乎內心而形於外的肢體語言，更是尊重他人的表現。禮儀需從形象開始為出發點，而認識自己、瞭解自己做合適的妝扮，並適當的表現自己的個性與工作能力，才能建立個人良好的形象。

　　「時尚」除了是一種生活態度以外，它還是伴隨某種生命階段而來的一個過程。時尚的本質，仍是追求美的進化過程，褪去了「美」的節奏，它依舊是一文不值。

　　每個邁向成功的男性，都會經過「時尚化」的形象管理，來經營一個有價值的，能夠讓人人都能感覺到「美」的形象；讓「人」的本身成為一種時尚風格。

　　玉不琢不成器，就像故宮裡的「翠玉白菜」有了好材質，如沒有透過完美的雕工與匠心獨具，是透顯不了其璞玉原質的珍貴與華彩。我們在體會時尚的過程中，其實就該把我們自己當成璞玉來細細雕琢，進而將自己藏於內在並足以發光發熱的部分喚醒。

「走入時尚，當自己最重要！」

　　我們每個人內在都藏著一尊時尚之姿，但看你如何喚醒它而已。透過本章的內容來瞭解自己，先明白自己的體型和適合的穿搭，不要盲目跟隨流行，多照鏡子，認真的研究鏡中的自己，利用服裝和配色打造出最適合自己的黃金比例，才是真正的「時尚之道」。

自我評量

1. 請為自己、男性家人或男性友人依照身型做服裝搭配。
2. 嘗試同一套西裝搭配不同顏色的襯衫與領帶，觀察其呈現的視覺感受。

Chapter 08

打造名媛妝容・完美保養工法

前面說到，外貌在印象分數中佔了 55％，除了穿著打扮外，最重要的就是肌膚！女士們大多都有保養的習慣，但許多人常因懶惰、使用錯誤產品等因素，造成保養不足，甚至損傷肌膚。不同的肌膚特性有不同的保養方式，搭配簡易的按摩手法，讓肌膚獲得充足的保養，有了光澤細緻的肌膚，就是擁有良好美儀的第一步。

本章也分享了化妝的小技巧，許多女士直到出社會多年，仍不擅長化妝；美麗的妝容不僅是修飾瑕疵、放大優點，也是出席正式場合的一種禮貌，如同參加宴會需要穿禮服，彩妝便是女士穿著在臉上的「彩裝」！希望別人看重你，自己就要先看重自己，跟著本章的內容，一起學習如何做好女士的面上功夫。

8-1

打造完美肌膚

皮膚是身體最大的器官，要讓皮膚維持在最佳狀態，擁有健康的身體是必須條件，均衡營養、充分睡眠、適度運動、壓力調適、情緒放鬆、規律生活等，這些都是保持皮膚青春美麗所必備的。

除了內在的健康，外在的保養也相當重要。保養的原則在於保持肌膚適當的水分及油分，促進角質層的新陳代謝，以及預防黑色素過度的產生。日常保養的方式包括：正確的清潔卸妝、避免日曬、適當的保濕滋潤，做好基礎功，就是美肌養成的第一步！

一、皮膚基礎保養四步驟

皮膚的保養，是先進行基礎保養，再視皮膚的需求，選擇補充性保養品。基礎保養的步驟是清潔→保濕→滋潤→防曬，亦即肌膚最需要的基本要素：清洗污垢、調整皮膚紋理、提供表皮必要的水分及養分、保護皮膚免受外在環境侵害。

| 清潔卸妝 | → | 保濕調理 | → | 滋潤保養 | → | 防曬隔離 |

（一）清潔卸妝：去除臉部污垢、老廢角質、皮脂、化妝品

簡單的說就是將臉洗乾淨。中性肌膚的人，只要用清水及一般清潔用品將臉洗淨即可；乾性肌膚者則應使用保濕性較佳或偏弱酸性的洗臉用品；至於油性肌膚者，宜一天洗臉數次，並慎重選用溫和不刺激的洗面乳，因為油性肌膚強調的重點就是清潔。

而有化妝習慣的人，切記每天一定要卸妝！光靠洗面乳無法完全清除彩妝，彩妝沒卸乾淨，容易造成毛孔阻塞而產生各種皮膚問題，當然也不可以跟彩妝過夜，不管再累，一定要徹底將肌膚清潔乾淨再去睡覺，肌膚才能完成放鬆。

洗臉的正確順序

1. 先洗淨雙手，放適當潔面劑於手掌，加少許水後用手搓揉成泡沫。

2. 將泡沫放在臉頰輕輕按摩，再清洗 T 字部位，鼻翼兩旁也要仔細清洗。

3. 用溫水將臉部泡沫沖洗乾淨，髮際、下巴、耳後是容易疏忽洗不乾淨的地方，可以帶上髮圈，隨時照鏡子確認。

4. 最後用乾淨毛巾，溫和包住臉部，輕拍以除去水分，避免過度用力搓揉。

STEP 1

洗淨雙手，將潔面乳搓揉成泡沫。

STEP 2

將泡沫放在臉頰，輕柔畫圈按摩，再清洗易出油的T字部位。

STEP 3

用溫水將臉部泡沫沖洗乾淨。

STEP 4

最後用乾淨毛巾輕拍臉部。

（二）保濕調理：使肌膚回復平衡、提供水分

調理是為了使肌膚回復平衡、提供水分，所以清潔完後就是保濕了。為什麼要保濕呢？因為缺水會讓皮膚粗糙不適，當臉部出現乾澀、緊繃感時，就是皮膚缺水的徵兆。尤其是夏天待在冷氣房裡，乾燥的環境讓皮膚的水分加速蒸發，如不隨時補充水分，皺紋會提早到來！

持久保濕才能維持皮膚理想的水分。目前用於保濕的日用品相當多，而價位高的產品效果不一定最好，選擇適合個人膚質者為佳。除了外表的保濕工作外，內在方面更要記得多喝水來補充流失掉的水分，缺水的細胞容易乾癟，肌膚也會較無光澤。不過對於油性肌膚的人來說，含油量過高，或營養成分較高的產品，反而要避免使用，否則容易導致毛孔阻塞而長痘痘。

調理的基本步驟為化妝水→精華液→面膜→眼霜，以下列出各步驟的注意事項：

化妝水 ⋯→ 精華液 ⋯→ 面膜 ⋯→ 眼霜

化妝水

1. 倒入足量化妝水於化妝棉上，過乾會刺激皮膚，稍微濕潤一些較好。

2. 將化妝棉用水溫柔輕拍臉上，循序漸進，先從臉頰再到 T 字部位。

3. 眼眶及臉頰容易乾燥、過敏的地方，用化妝水濕敷，可以加強調理作用。

4. 注意化妝水是否含有酒精成分，有些人會對酒精成分過敏。

STEP 1

用化妝棉沾取適量化妝水，輕拍在臉頰上。

STEP 2

以化妝棉來回擦拭 T 字部位。

STEP 3

將化妝棉用化妝水浸濕，濕敷於乾燥部位，待 5 分鐘後取下。

精華液

1. 化妝水能夠幫助精華液的吸收，請記得一定要使用。要在精華液使用完畢以後再塗抹乳液，才能穩固肌膚滋養，順序相反的話精華液的成分會較難被吸收。

2. 即使是適合自己的精華液，也不是用多便好，皮膚無法吸收的多餘成分反而容易造成肌膚負擔，夏日每次 2 ～ 3 滴、冬天 3 ～ 5 滴就很足夠。

3. 精華液的使用要依個人膚質與需求判定，比如訴求美白還是保溼？相同功能、不同品牌，質地也大不相同，請依膚質狀況選擇。

4. 使用精華液後再敷上面膜，對於保養成分的吸收效果更佳！

面膜

　　用面膜來保養肌膚，是目前最熱門的保養趨勢；利用面膜來阻隔空氣，讓肌膚暫時呈現密閉狀態，降低肌膚的水分揮發速度，同時還可以軟化表面角質。肌膚在這樣的密閉狀態之下，可以增加肌膚表面的溫度並且幫忙局部新陳代謝率的提升，提高肌膚對保養品的吸收能力。雖然面膜保養簡單又有效。

敷面膜注意事項

使用前：1. 檢視肌膚膚質

　　不同的肌膚膚質應使用不同的面膜進行保養，不妨徹底瞭解皮膚實際狀況及膚質，再選擇適合自己膚質的敷面膜及護膚品，才不會造成肌膚的負擔。

2. 徹底清潔肌膚

　　敷面膜之前必須先把臉徹底清洗乾淨，令深層皮脂和污垢易於排出，使面膜營養成分更多被吸收。洗臉後要趁肌膚仍保持濕潤時立即敷面膜，服貼度較佳。若氣候乾燥或肌膚很乾燥，不妨先用化妝水來滋潤肌膚。

使用中

　　使用泥狀或膠狀面膜時，不可塗得太薄或太厚；塗抹時從兩頰、下巴至額頭依序將全臉塗滿。敷面膜時不妨躺下聽點音樂，徹底放鬆，最好不要皺眉、大笑，同時儘量避免說話，以免產生皺紋。而敷面膜的時間不可太長或太短，依面膜產品的建議時間，敷太久，面膜反而會吸乾臉上的水分。

使用後

　　卸面膜時，先小心將面膜輕輕捲起，若有殘留的部分，則可以熱毛巾輕輕擦拭乾淨。整個動作過程要輕柔，敷完臉後，接著眼霜、乳液等保養，才能接續維持敷臉的效果！

眼霜

1. 搓熱雙手準備—在早晚清潔後，用無名指取綠豆大小的眼霜，兩個無名指指腹相互揉搓，將眼霜加溫，使之更容易被肌膚吸收。

2. 均勻塗抹眼周—以彈鋼琴的方式，均勻地輕輕將眼霜拍打在眼周肌膚上，著重在下眼窩和眼尾至太陽穴的延伸部位。

3. 眼睛上方按壓—由睛明穴向眼尾輕輕按壓，然後從眼部上方，由內向外輕輕按壓。

4. 眼周下方按壓—用中指指腹從眉頭下方開始，輕輕按壓，再沿著眼眶，由內向外輕輕按壓。

5. 促進血液循環—用中指指尖，輕輕按壓鼻翼兩旁的迎香穴，促進臉部血液循環，改善氣色。

6. 眼膜減緩壓力—在每週的特別護理中，也可以在最後的步驟裡加入眼膜的使用，幫助減緩眼部的壓力。

STEP 1

先將眼霜搓熱加溫，均勻塗抹在眼周，從睛明穴向眼尾輕輕按壓。

STEP 2

用中指指腹按壓眉頭，沿著眼眶下方按壓。

STEP 3

用指尖輕輕按壓鼻翼兩旁，促進血液循環。

（三）滋潤：提供肌膚養分與油分，加強保濕

滋潤的目的是提供肌膚所需的養分與油分，市售的產品有膠狀、液狀、霜狀等不同劑型，若同時使用多種產品，使用的順序基本上是由滋潤度最低的開始使用，以利保養成分的吸收。以下列出乳霜的使用流程：

面霜／乳液

1. 將美容液或乳液倒入手掌中，用體溫加熱提升其滲透力。

2. 使用化妝水後，只需要將乳液塗在肌膚覺得乾澀緊繃的地方，由內向外擴展。

3. 塗抹完畢以後，可以用手掌將臉部包住，可以促進養分的滲透。

4. 頸部也是保養重點，將臉部上昂，乳液由下往上塗抹。

STEP 1

搓熱乳液，於乾燥處
由內向外塗抹。

STEP 2

可用手掌將臉包住，
促進養分滲透。

STEP 3

由下往上塗抹頸部。

（四）防曬：陽光是水嫩肌膚的殺手，會引起黑斑、皺紋

　　防曬是肌膚保養的關鍵步驟！陽光是造成皮膚老化、黑斑、皺紋的主要原因，長期的日光照射會破壞真皮中的彈性纖維和膠原纖維，在不知不覺中使皮膚失去了彈性和張力，提早出現皺紋。因此平日盡量避免於上午 10 點至下午 2 點間，日照最強烈的時刻從事戶外活動；不分季節天氣，外出時最好隨時補充防曬品。

　　防曬產品都會標示 SPF 和 PA 兩種數值，前者表示能提升肌膚防禦紫外線 UVB 傷害的程度，以數字做表示；後者則表示能提升肌膚防禦紫外線 UVA 傷害的程度，以「＋」做表示。數值越高／＋越多，代表防曬能力越強，一般多在室內活動的話，使用 SPF15 ～ 30 ／ PA+ ～ ++ 的產品就足夠了，以免造成肌膚負擔。防曬是為了避免肌膚被曬傷，並不是以美白為訴求喔！以下列出防曬乳的使用注意事項：

防曬隔離霜／防曬乳

1. 養成防曬的習慣，不管晴天雨天，外出前半小時都必須擦上防曬劑。

2. 顴骨兩側、鼻樑、耳朵都是紫外線高度曝曬的區域，防曬必須加強，不可遺漏。

3. 防曬產品必須隨時補充，依照防曬係數高低，每隔數小時塗抹一次。

4. 容易出油、脫妝的場合，可以使用防曬粉底或防曬霜，使用粉餅隨時補充。

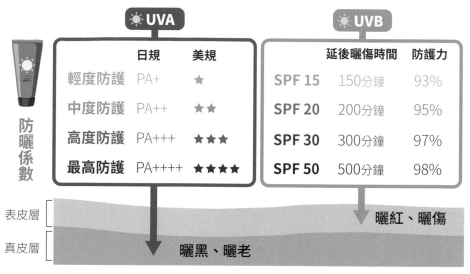

防曬產品數值。

總結皮膚基礎保養步驟。

二、肌膚特徵與保養對策

　　肌膚會受許多的內在與外在因素影響，如飲食、睡眠、情緒、環境、年齡、氣候、體質、內分泌、清潔等。使用保養品之前必須先了解自己的肌膚特性及症狀，再選擇適合之保養品，才能達到預期的效果。

　　現代人的皮膚問題，常常是因為對肌膚了解不夠徹底，而使用了錯誤的保養品或保養方法所導致。皮膚的類型大致上可分為油性、中性、乾性、混合性、敏感性等五種。

（一）中性肌膚

油脂與汗水分泌正常，肌膚嬌嫩、細膩有彈性。

擁有自然的光澤及紅潤感，屬健康的肌膚。

肌膚組織緊密、紋理細緻，不乾裂、不黏膩。

抵抗力強，不易產生皮膚變化。

保養重點	加強保養
持續正確的保養，定期清除老化角質。 膚質可能會隨著季節而產生變化，春夏偏油性；秋冬偏乾性，必須細心觀察膚質的變化，採取適當的保養措施。 注意平時之飲食、生活習慣，並保持愉快之心情，預防皺紋提早出現。	日常做好防曬，可使用含維他命 C、果酸成分的產品活化肌膚。

（二）油性肌膚

肌膚表面粗糙、油膩，皮脂腺機能分泌旺盛。

毛孔易阻塞形成粉刺或面皰。

膚質厚硬、紋理粗、毛孔粗大、無透明感。

容易上妝，也容易脫妝。

保養重點	加強保養
肌膚較易受生活習慣、生理因素所影響，造成皮脂腺分泌失調，日常生活應少油少糖、作息正常。 保養時應著重於肌膚的清潔，每天清洗 2～3 次，可搭配深層清潔或去角質產品。 選用保養品時，要選擇水溶性成分較高的保養品，盡量補充皮膚水分，不要使用油脂太多的乳液類面霜，易造成毛囊阻塞。	可使用含果酸、水楊酸之產品調理肌膚；或使用具控油、收斂效果的產品。 要注意不要混用多樣具刺激性功能的產品，以免肌膚因過度刺激而變敏感，甚至造成傷害。

（三）乾性肌膚

肌膚表面油脂、水分分泌不足，乾燥失去柔軟性。

肌膚呈乾性、易敏感發炎、緊繃缺乏彈性，容易老化而產生細紋及黑斑。

皮膚較薄、色澤暗淡、缺乏光澤度。洗臉後肌膚易感到緊繃、刺痛。

角質觸感粗糙、乾澀。容易長鱗屑、脫皮，上妝時容易浮粉。

保養重點	加強保養
避免過度清潔，著重肌膚保養，選擇含有滋潤及營養性的保養品，加強滋潤與水分之補充。 適度按摩或敷臉護理，以增加肌膚的活力，促進新陳代謝，避免老化。	使用營養霜或美容液，加強肌膚的滋潤，尤其是季節變換氣候乾燥的時候。減少使用含有 A 酸或果酸成分的產品，以防肌膚乾燥脫皮。 上妝前要做好基底保溼，使用較滋潤的彩妝產品。平時要做好防曬工作，延緩肌膚老化。

（四）混合性肌膚

肌膚表面同時存在容易出油，又容易乾燥的部位。

T字部位毛孔明顯、皮脂分泌旺盛，易長粉刺、面皰。

皮脂分泌不平衡，混合兩種以上之膚質，屬於不穩定的膚質，是現代人常有的肌膚型態。

臉頰、嘴唇及眼睛四周，油脂水分較缺乏，易因乾燥而產生細紋。

保養重點	加強保養
依皮膚部位特性不同，而採取不同之護理方式，分區使用適合的保養品。 特別注意季節的轉變、早晚溫差的變化，春夏季容易油膩，須保持皮膚清爽及收斂毛細孔；秋冬季節則多加強滋潤、保濕，調理油脂、水分的平衡。 生活習慣規律化，注意飲食、睡眠、情緒等，克服影響肌膚的內、外在因素。	要有分區的概念，可以全臉使用油性肌膚的清爽保養方式，乾燥處再加強滋潤；或是使用乾性肌膚的滋潤保養，油性部位只擦化妝水和精華液。 使用深層清潔類的特殊保養品時，要注意是否會對乾性部位過度刺激。

（五）敏感性肌膚

膚質較薄，常會發紅、出疹、發癢，微血管顯而易見。

肌膚缺乏光澤，臉頰易充血通紅、微血管清晰浮現。

不屬於特定肌膚型態，肌膚敏感脆弱，與先天體質有密切關係。

表皮薄弱，稍受刺激即易引起濕疹、敏感、紅腫、刺癢等情形。

保養重點	加強保養
針對敏感原因加以預防，避免任何有刺激性、過於油膩、含香料的保養品，盡量不要去角質。 嘗試新保養化妝品時，先擦在手臂內側，做過敏反應測試。對環境溫度、溼度、季節變化，須做適當之防護，避免紫外線之照射；飲食中少用調味料，避免刺激性之食物。	可使用營養霜、美容液做保養，儘管是標榜過敏性肌膚適用的產品，最好還是先做測試。 避免使用含酸類、具收斂能力、附加去角質功能等較刺激的產品；加強保溼可降低肌膚的敏感度。

　　肌膚型態並非一成不變，會受環境、氣候、年齡、飲食、藥物等因素影響，在不同時期可能呈現不同膚質。這種皮膚狀況的變化，主要是由於角質生理與皮脂膜代謝的改變；比如原本油性的膚質，長期做美容雷射，導致肌膚變薄，而轉變成敏感性肌膚；因此使用保養品時也應視膚質狀況來調整。

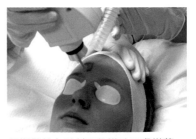

長期做美容雷射可能導致肌膚變薄。

三、護膚按摩技巧

　　臉部定期做臉部按摩，透過正確的按摩手法，不僅可促進血液循環，還可幫助保養品的吸收，更讓皮膚也可以深呼吸。透過以下臉部按摩的步驟，時常按摩，想要擁有水嫩透亮的瓜子臉將不是難事。

STEP 1

將額頭分左右兩邊，由額頭中間以螺旋的方式向兩側按摩，請將額頭橫向分為二～三等分分次按摩，使用指腹來做按摩。

STEP 2

以指腹由眉毛往髮際線做提拉的動作，所有的按摩動作都是由內向外，由下向上。

STEP 3

眼睛周圍請以點壓的方式於穴點做按摩，請沿著鼻翼兩側按摩下來，可促進血液循環，有助於改善鼻子過敏造成的黑眼圈。

STEP 4

穴點的按摩結束後，請以螺旋的方式按摩眼睛周圍，注意力道要輕柔避免產生皺紋。

STEP 5

兩頰兩側由下到上分三等分，以螺旋的方式由內向外按摩，螺旋方式是逆時針向上提拉。

STEP 6

最後一步，一樣將臉頰分三等分作提拉，靠近眼睛的先拉，最後再由下巴整個拉提上來就算完成。

8-2

彩妝工具介紹

　　彩妝刷具種類繁多，可用於眼部、唇部、臉部等各個部位，且每種刷具都有不同的功能，能夠精準的上妝，刷毛材質也有很多種，如天然毛和合成毛等，可根據自己的需求和喜好進行選擇。刷具需定期清洗，否則容易滋生細菌、長痘痘、上妝易產生粉痕，甚至會影響皮膚健康。

一、美妝蛋

　　美妝蛋能夠幫助粉底、遮瑕膏等底妝產品更均勻的上妝，用按壓、拍彈方式即可大面積上妝，比較省時省力，較不易卡粉，且上妝手法與材質對肌膚來說比較溫和，適合敏感肌、酒糟肌、混合肌、乾性肌等膚質，可以達到較為自然輕透的妝感。美妝蛋形狀多為 圓形或圓形、斜角，能夠較好的修飾細節部位，如鼻翼、眼角等，價格上會比其他刷具親民一些。

　　美妝蛋的材質多為海綿或其他合成材料，較會吸附粉底，所以需要定期清洗；且使用時需要濕潤，若清洗不當或沒有陰乾，容易造成美妝蛋發霉，不只影響妝容，也會影響皮膚健康。

二、粉撲

　　粉撲上妝使用起來較方便、遮瑕力高，可用於定妝粉、蜜粉、腮紅等粉狀產品，使用方法簡單適合化妝新手，且粉撲的材質通常為天然橡膠或合成橡膠，柔軟、舒適、觸感佳，適合乾性肌、敏感肌膚質者使用，價格相較於刷具、美妝蛋來得容易入手。

粉撲。　　　　　　　　　　　　　　　　　　美妝蛋。

三、睫毛夾

睫毛夾可讓睫毛呈現捲翹弧度，可依照自身眼型挑選睫毛夾，眼型較凸的人可選擇大一點的睫毛夾弧度，反之，眼型比較平面或是單眼皮的人就要選擇弧度較小的睫毛夾。

夾睫毛的方式並非將所有睫毛夾緊並向上拉，秘訣在於「根部 - 中間 - 尾端」三段式，首先輕夾根部、再輕夾中央、最後是尾端，將力道分成 3 次，這樣能將睫毛的負擔降到最低，夾出最自然的弧度。

睫毛夾容易附著髒污及睫毛上的油分，若未定期清潔，髒污會讓睫毛定型效果大打折扣，也容易讓細菌滋生，睫毛夾膠條也需要經常更換，才不會因長期使用而彈性疲乏。

睫毛夾。

8-3

彩妝技巧教學

一、基本彩妝步驟

化妝前一定要先進行基礎保養，讓肌膚潔淨、保持充足的水分。保養後應稍微等待一下，待保養品全部吸收後，臉上不再有濕黏觸感，再開始進行彩妝步驟。

一般繪製彩妝的步驟為：修眉→粉底液→遮瑕膏→粉餅或蜜粉定妝→畫眉→眼影→內眼線→外眼線→夾睫毛→戴假睫毛→刷睫毛膏→腮紅→修容→打亮→唇彩→香水。

（一）修眉

眉毛在整體妝容中起著重要的作用，一對漂亮的眉毛可以修飾整體容貌，使臉型更立體。

經過修整後的眉毛擁有豐滿的眉形和眉色，最重要的是有漂亮的眉峰，沒有雜亂過長的雜毛，也沒有模糊的眉線。

精心修整過的眉毛能讓你的雙眼更明亮有神，顴骨也會有提亮的效果，鼻子看起來也會變得更挺，漂亮的眉型瞬間為你提升自信！

修眉毛之前，要先找到屬於自己的眉型，可以參考眼睛和眉毛的黃金比例：

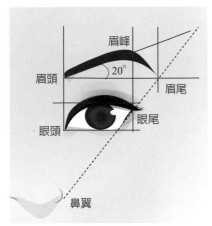

眼睛和眉毛的黃金比例。

修眉。

1. 眉頭與眉尾在同一水平線上，與眼頭在同一垂直線上。

2. 眉頭至眉峰，與眉頭至眉尾的角度約 20 度；眉峰最高處約在眼尾處。

3. 鼻翼、眼尾與眉尾，三點成一線。

修眉的方法

1. 先用眉刷刷乾淨眉毛，再用棉球沾上酒精或是有收縮性質的爽膚水，清潔眉毛及其周圍皮膚。

2. 用沾了溫水的棉球或是熱毛巾捂住眉毛，使皮膚變得鬆軟。

3. 用眉筆畫出合適的眉型，留在輪廓線以外的眉毛都是多餘應該修去的。

4. 調整眉毛的長度，用眉剪修整過長和向下長的眉毛。注意眉尾應該短一些，越靠近眉頭應該越長，從眉毛中部到眉尖，不要剪得太短。

5. 用眉夾和小鑷子把多餘的眉毛都拔掉，修理出形狀來。拔的時候要拉緊眉部皮膚，一根根順著眉毛的生長方向，向外或是向上拔。

6. 用修眉刀將眉毛周圍的細毛和多餘的毛都剃掉。

7. 用爽膚水拍打眉毛及其周圍皮膚，以收縮毛孔。

8. 用眉刷整理毛流，定好形狀。

修不出黃金比例？

比如眉尾會斷掉、眉峰太細 ... 這些問題在畫眉的步驟都可以解決。

（二）粉底

底妝是一個妝容的基礎，如何搞定清透自然的底妝，和粉底的上妝方法有很大關係。化妝時使用的粉底也很重要，針對自己本身不同的膚質狀況和臉部的顏色，來謹慎選擇適合自己的質地和顏色。

市面上常見的粉底型態和種類，分為霜狀粉底、液狀粉底、餅狀粉底、條狀粉底、氣墊粉底，質地分析及適用膚質，比較如下頁。

近年的彩妝流行趨勢「氣墊粉餅」，其源自於韓國，原本是愛茉莉集團的專利，而專利權過後，多數美妝保養品牌，不分專櫃開架，紛紛推出了氣墊粉餅！氣墊粉餅如此受歡迎主要是因為氣墊粉餅就像氣墊海綿一樣，吸附了滿滿的粉底液，只要使用專用的粉撲化妝就會擁有輕薄、有光澤感的妝容，比一般的粉餅更加滋潤，遮瑕效果更好，相當於是不需沾手的升級粉底液。

氣墊粉餅的質地介於粉餅與粉底液，和霧面的妝感的粉餅比較起來，氣墊粉餅的妝容更水亮輕薄，有光澤感、不黏稠，可以營造出有素顏 裸妝的美肌。

氣墊粉餅和粉底液的差別除了需不需要沾手之外，粉底液的質地會稍微厚重一些，建議在挑選時要特別留意是否適合自己的膚質，和妝感是否符合需求。不過粉底液通常也比較持久精緻，但補妝就不若氣墊粉餅來得方便。

由於氣墊粉餅可以透過多次的按壓來調整遮瑕程度，相較起來也比較適合各種膚況，就算是化妝新手也不容易出錯。多數女性喜好追逐展現自信光彩的美妝潮流，希望自己的肌膚能夠呈現透亮光澤感。故會特別選擇使用氣墊粉餅上妝，創造出輕薄自然完美無瑕的妝容。

香奈兒女士說：「簡約就是優雅的關鍵」，薄透無暇中散發水潤光澤感，是完美底妝的至高境界。

（圖片來源：CHANEL 官網）

粉底試色選擇技巧

1. 在臉部試顏色：

   粉底最準確的試色部位還是在臉上，因為粉底用在臉上，所以試色最好也要在臉上，其次是處於臉部和頸部交接處的兩頰以及下巴部位。

2. 試驗遮蓋效果：

   在臉部試色可以一目了然地知道粉底的顏色和臉部、脖子的色差。臉上有明顯色斑、痘痕、暗沉等皮膚問題的女性，還需要在這些瑕疵部位試驗一下粉底的遮蓋效果。

3. 選擇接近膚色：

   粉底一定要選擇接近膚色的顏色，因為粉底越接近膚色，越容易有自然透明感。試顏色的時候最好是在自然光的環境下，因為燈光顏色偏黃，選出來的粉底顏色會比較深；顏色偏白的日光燈下，選出來的粉底顏色會較淺。

4. 修飾膚色，可配合飾底乳使用：
   - 偏黃皮膚可用紫色飾底乳，調整肌膚的顏色變白皙，但要注意使用太多可能會讓肌膚顏色死白。
   - 偏紅皮膚可用綠色飾底乳，降低皮膚泛紅的情形 。
   - 偏暗沉皮膚可用黃色或藍色飾底乳，提升肌膚的亮度。
   - 偏白皙皮膚可用白色飾底乳，使膚色具透明感。
   - 較無血色皮膚可用粉色飾底乳，使膚色紅潤粉透。

粉底	亮白膚色	自然膚色	較深膚色

飾底乳	偏黃膚色	偏紅膚色	暗沉膚色
	白皙膚色	蒼白膚色	

	質地分析	適合膚質

霜狀粉底

乳霜狀粉底有修飾作用，屬於油性配方，粉底效果有光澤，有張力。

適用於中性、乾性、特乾性皮膚。

液狀粉底

液體粉底的配方較輕柔，緊貼皮膚，由於水分含量最多，具有透明自然的效果。如果添加了植物保濕成分或維生素，還具有很好的滋潤效果。

適用於油性、中性、乾性的皮膚。油性皮膚要選擇水質的粉底，中性皮膚則宜選擇輕柔的粉底，乾性皮膚可以選用有滋潤作用的粉底。

餅狀粉底

無油或是含少量油脂，可乾濕兩用，平時保存應維持乾燥。

各種肌膚。

條狀粉底

油脂含量高，對於膚色不勻及瑕疵遮蓋效果良好，可於濃妝時使用。用量不可過多，以免造成底妝不自然，油性肌膚盡量避免，以防毛孔阻塞。

適用於中性、乾性、特乾性肌膚。

氣墊粉底

質地輕盈、易推開，保濕效果良好。具遮瑕、防曬、呼吸性，持久性佳。妝感自然，並且能夠保持妝容的穩定性。

適用於中性、乾性肌膚。

優點	缺點	使用要訣
其滋潤成分特別適合乾性皮膚，更能掩飾細小的乾紋和斑點，在臉上形成保護性薄膜。	長時間使用容易阻塞毛孔，影響皮膚呼吸順暢。	為避免塗抹厚重，可用手指代替粉撲，將粉底輕薄地塗抹於面部。
自然與膚色融合，使肌膚看起來細膩、清爽，不著痕跡。	單獨使用容易脫妝，對瑕疵的遮蓋效果不夠好。	上完液狀粉底後，可搭配餅狀粉餅或蜜粉定妝，使妝容更完美持久。
清爽無油，感覺舒適，補妝方便。	較易脫妝，遮蓋效果較差。	只輕輕塗抹一層，可達到透明自然的效果，若想遮蓋斑點或瑕疵，需配合遮瑕筆或霜狀粉底；乾性肌膚者需加強基底保溼。
乾爽細膩，顏色均勻，美化毛孔，同時方便隨時使用。	容易有油膩感，妝感較濃。	使用時，最好配合潮濕海綿在面部普遍塗抹，然後用海綿輕按，可以少量多次進行，重點是要塗均勻。
顏色均勻，新手友善並容易補妝，妝感自然輕薄，能打造光澤肌膚。	遮瑕力弱，容易脫妝。	使用時，輕輕按壓或拍打臉部，可以先少量輕按，決定遮瑕程度，建議每 2-3 個月更換氣墊。

（三）遮瑕

　　化妝時使用遮瑕膏可以遮掩臉上黑斑與痘疤等問題，但是錯誤的選擇方式與使用方法，不僅無法遮掩修飾，還會令整個妝容走樣，或是產生不自然的色塊！

使用遮瑕產品時常犯的錯誤

用錯目標

例如液狀遮瑕膏，質地輕薄，使用於敏感的眼睛周圍或是當作打光使用時是很好的選擇，但要遮痘痘或斑點時，效用較不明顯，建議使用遮瑕力比較足夠的條狀遮瑕膏。

使用過度明亮的顏色

選擇過度明亮的顏色，塗抹的部分看起來反而更顯眼，應選擇比粉底再暗一點的顏色，效果會比較自然。

暈得太開

為了讓遮瑕膏看起來更自然，很多人會一直用手指推開，但遮瑕膏太薄反而無法達成效果。

此外，暈開時範圍過廣，會讓周圍部分呈現奇怪的色塊，反而讓肌膚看起來不乾淨！記得只要稍微暈開就好，不要過度。

先上遮瑕膏才上粉底

擦上遮瑕膏後使用粉底的話，會讓好不容易上好的遮瑕膏瞬間被擦掉！

建議依使用粉底的性質，調整使用遮瑕膏的順序。

完美遮瑕技巧

1. 確認使用順序：使用粉餅的人，應該在上粉餅之前使用遮瑕產品；而使用粉底液的人，應該在上完粉底液以後，再上遮瑕膏。

2. 用棉花棒暈開：取出稍微多於想遮掩部分的遮瑕膏，以手指輕輕地按壓，讓遮瑕膏服貼後，就不要再用手指觸碰這個部分，改為用棉花棒輕輕地暈開吧！

3. 利用蜜粉讓臉部更清爽：用粉撲取出少量的蜜粉，輕輕地按壓在想要遮掩的部位，讓蜜粉黏於遮瑕膏上，這個部位就可以變得清爽，較不易在之後補粉底的過程被推開。

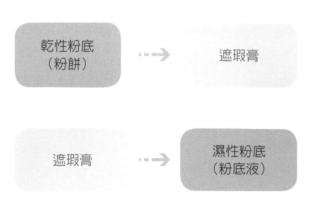

依使用粉底類型不同，使用遮瑕膏的順序而有變化。

黑眼圈、法令紋、鼻翼、疤痕等較暗沉處，可加強遮瑕。

（四）定妝

　　使用適合膚質的蜜粉或粉餅，輕按於臉部，能讓皮膚看上去更光滑剔透、妝容更持久。定妝後盡量避免用手觸碰臉部，以免導致妝容脫落。如果需要擦汗或整理妝容，可以使用吸油紙輕輕按壓。

短、平直眉

長、弧形眉

眉型對眼睛的影響，平直眉使眼睛感覺變大，弧形眉則變小。

（五）畫眉

　　眉毛是決定五官平衡的關鍵之一，即使只是稍微變化眉形，也會讓人驚訝地發現，臉蛋好像變瘦，五官顯得更立體了！

　　比照眉毛與眼睛的黃金比例關係，來描繪眉型，但依據臉型的不同可以適當調整，減少眉峰角度，較短、平直的眉型，會讓臉型看起來較短、眼睛較大；若將眉峰挑高，以眉筆勾出上揚的角度，形成較長、弧線的眉型，則有拉長臉型、眼睛變小的效果，使臉蛋顯得較清瘦。

　　描畫眉型的時候要熟記，眉頭要清淡、眉峰處可稍微加重、眉尾要自然流暢，輪廓清晰但不可有明顯界線，當然也別忘記兩邊的眉毛要左右對稱。眉色則與個人膚色、髮色，以及妝容色系相互搭襯協調，如果一頭米色卷髮配上濃黑眉毛，看起來就會很突兀。

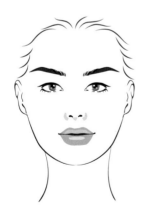

眉型線條上揚，會使臉型、鼻子看起來較長，顯得較清瘦。

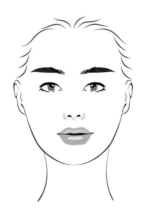

眉型線條平直，使臉型看起來較短，顯得臉頰變寬。

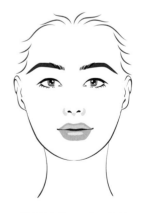

眉型線條下垂，會使臉型、鼻子看起來較短，顯得較豐腴。

（六）畫眼影

眼影的主要功能是強調眼周的自然陰影效果，常見的眼影有粉狀眼影和霜狀眼影，兩者的質感和顯色略有不同，依需求使用即可。

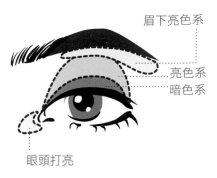

眉下亮色系

亮色系

暗色系

眼頭打亮

畫眼影時有幾個技巧可以使用：

1. 將內眼角以淡色打亮，使眼睛顯得大而亮，但眉間距較寬的人不宜採用此法，否則會給人一種兩眼分的過開的感覺。

2. 上亮下暗，無論用什麼顏色，都應該做到眼瞼邊緣顏色深，靠近眉毛顏色淺。

3. 在眉毛下塗淡黃色或白色的眼影，能使眼睛炯炯有神，但注意不要塗太多形成色塊，也不要使用含亮粉的產品。

（七）畫眼線

每個人的眼型不同，靈氣的大眼、無辜的下垂眼、有個性的丹鳳眼……，無論何種眼型，畫出有神又合適的眼線才是重點。

以下是適用各種眼型的方法：

包覆式眼線

分離式眼線

眼線影響眼型，包覆式眼線畫法，會使眼形看起來較短、較圓；分離式畫法，則有較細、較長的感覺。

1. 眼線產品的挑選，要輕輕畫就能著色且顯色，假如連畫在手上都要有力度才飽和，那畫在眼皮會容易拉扯傷害眼睛肌膚。

2. 挑選時別只畫直線測試，在手上勾勒 S 型、畫圈圈，測試不同角度畫出來的粗細線條與色澤，以及自己用起來是否順手，捨棄會分岔、顏色有深有淺、使用不順手的產品。

3. 想嘗試膠狀質地的眼線時，最好選擇眼線膠筆，沾取式的眼線膠拿捏需要專業技巧，且刷具需要時常清洗，否則容易導致眼部感染或睫毛脫落。

4. 含有亮片或珠光效果的眼線容易有反光，干擾妝感，也令人覺得庸俗。

5. 畫眼線容易兩眼高低不同的人，可以在畫之前對著鏡子找出眼睛前端和尾端的平行兩點，用眼線筆輕點做記號後再開始連線。

6. 畫眼線要專注，盡量一筆畫完，無法一筆到位的人，使用分段式的畫法。先從眼睛中段畫到眼尾，再從眼頭連回中段，最後再來補空隙和加強內眼線。。

7. 先用眼線筆描繪出輪廓後，再用眼線液筆重複畫一遍，線條會更精緻銳利，眼神也更突出。

8. 若只想畫後端 1/3 的眼線，記得外眼線畫到中段時，要有技巧的收進內眼線，在眼球上方與睫毛結合。

9. 眼線要畫在睫毛根部才自然，若之後想配戴假睫毛的話，記得配戴後要再補一次眼線。

10. 任何眼線質地都非速乾，多等幾分鐘再進行下個動作更有保障。準備去玩水或是容易脫妝的女孩們，一定要選擇防水抗暈染的眼線產品。

睫毛根部外側：
外眼線

內眼瞼

睫毛根部內側：
內眼線

眼線位置。

（八）刷睫毛

　　眼睛是一個女人最吸引人的部位，為了讓雙眼更加動人，纖長的睫毛不可或缺，以下是刷睫毛的秘訣：

1. 夾睫毛要從根部用力，採兩段或三段式夾法，越向上力道越輕，讓睫毛更自然地捲翹起來。

2. 刷睫毛 2～3 遍就夠，上下睫毛有不同的刷法；上睫毛第一遍要從根部開始刷，起到支撐的作用，第二遍則從睫毛中部向上刷，讓睫毛體現出延伸的感覺；下睫毛則應該偏離睫毛根部開始，讓刷出的睫毛更輕盈。

3. 刷睫毛的時候要分清自己睫毛的情況，如果睫毛比較濃密，則可以由下至上直接刷，如果你的睫毛比較少，最好以 Z 字型的方向刷，會讓睫毛較顯豐盈。

4. 一般睫毛膏發生暈妝情況的原因有兩個，一個是睫毛膏的防水性不好，另一個原因是眼周沒有定好妝。若老為暈妝犯愁的話，可以嘗試多在眼周底妝上下點功夫。

5. 因應不同的需求，睫毛膏的刷頭也有所不同，要釐清自己想要呈現的功效，可購買幾支功能不同的睫毛膏搭配使用。

STEP 1
先由上往下刷睫毛外側。

STEP 2
由下往上刷睫毛內側。

STEP 3
從根部以 Z 字型刷法，往睫毛尾端輕刷。

（九）腮紅

　　腮紅能打造出好氣色，甚至有人會加重腮紅份量打造所謂的「曬傷妝」。

畫腮紅有幾個簡單的技巧：

1. 微笑時顴骨最高點是最適合刷上腮紅的位置，用粉嫩的顏色刷出年輕的氣息。

2. 利用打圓的方式刷出自然腮紅；想讓臉頰看起來瘦一點，就用沿著顴骨往太陽穴的斜向刷法；若想增加臉頰的寬度，就用水平的橫向刷法。

3. 不要直接將刷子垂直在臉上，這樣容易形成明顯色塊。

4. 使用刷具沾取腮紅時，應少量多次，可以先在面紙上點一下，再刷上臉頰，避免沾取過多的腮紅粉，而難以推勻。

微笑時顴骨最高點，最適合刷上腮紅。

沿著顴骨往太陽穴斜向刷上腮紅，能讓臉頰看起來較瘦。

顴骨處橫向刷上腮紅，能讓臉頰圓潤。

（十）塗口紅

　　唇膏的使用要搭配整體色彩，可以先以顏色相同或深一階的唇線筆描出唇型，再塗上唇膏，畫出俐落唇型。若想讓唇妝更持久，塗上第一層口紅後，輕輕抿一下嘴唇並撲蜜粉，然後再上一次唇膏，如此便不易掉色。

　　口紅的色調要配合膚色及唇色，但唇色可先以粉底打底使口紅完整顯色，而膚色則要視定妝後的膚色而定。肌膚色調與口紅色彩的搭配可參考下表：

	亮白膚色	自然膚色	較深膚色
膚色			
甜美			
裸唇			
性感			

（十一）噴香水

使用香氛的小祕訣

1. 香水應噴於不易出汗，脈搏跳動明顯的部位，如耳後、脖子、手腕及膝後。

2. 使用香水時不要一次噴得過多，少量而多處噴灑效果最佳。

3. 沐浴後身體濕氣較重時，將香水噴於身上，香味會釋放得更明顯。

4. 若想製造似有似無的香氣，你可將香水先噴於空氣中，然後在充滿香水的空氣中旋轉一圈，令香水均勻地落於身上。

5. 通常香水不宜直接灑在衣服上，以免形成色痕，但隨著香水的無色透明化，色痕的形成有時不會太明顯，但還是應避免灑於高檔服裝的顯眼部位。在一些隱蔽的位置噴灑香水，既可減少香水對皮膚的刺激，又可提高使用效果；尤其是秋、冬季著厚衣時，灑到身體的某些部位往往不如灑到衣服上效果更佳，如：圍巾、帽子、衣領、手套和內領口。

香水的質量衡量

1. 香型好：

    香型是指香水的型態，也就是香水的「個性」，比如男香和女香是一種香型分類；花香、木香也是香型分類；成熟、甜美亦是香型的分類。

    香型好首推名香，因為名香是經過市場考驗而最受顧客歡迎的香水；那些沒有特點，不能引起顧客興趣的香水會隨著時間的流逝而消亡，留下的漸漸地成了名香。

2. 色澤清澈：

    香水必須是清澈透明、清晰度高的液體，不含色素，無任何沉澱。

N°5 是 Chanel 的經典香水，從 1921 年誕生至今，仍受到眾人喜愛並持續銷售。

3. 包裝質量：

    香水要有獨特的視覺形象，吸引人去購買，香水瓶的密封情況也會影響香水的質量，瓶口與瓶蓋之間要嚴密無間隙，瓶身不可有瑕疵汙點。附有噴頭的話，噴出的香水要成霧狀，噴頭容易按壓，且不會有滲漏情形。

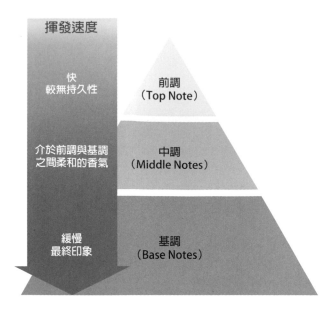

香味金字塔。

香調	香味	特色
花香調	玫瑰、茉莉、百合	女性化、浪漫，適合正式場合
柑橘調	柑橘、檸檬、柚子	清新、爽朗，適合日常使用
果香調	漿果、蘋果、水梨	清新、香甜，帶水果氣味，適合春夏季節
木質調	檀香、雪松、麝香	穩重、優雅，適合冷季或晚間使用
東方調	龍涎香、肉桂、琥珀	神秘、性感，適合夜晚或特殊場合
柑苔調	佛手柑、苔蘚、玫瑰	自然、清新，適合戶外或休閒場合
皮革調	皮革、煙草、黑胡椒	大膽、成熟，適合自信、獨立個性的人
海洋調	海水、海藻、海風	清新、清爽，適合夏季或運動場合
美食調	巧克力、香草、焦糖	充滿食慾誘人感，適合秋冬季或夜晚使用

常見的香調與特色。

二、清透美肌增加職場優勢

　　儘管現代智慧型手機有許多 APP 可修飾照片，讓人顯得眼睛大、臉蛋小、皮膚細緻，但這不過都是「照騙」。比起用程式修改，透過正確的保養和化妝工法，就能以自然清透的妝容讓人驚艷，不需要靠電子產品修飾。尤其身為一個模特兒，美麗的膚質不僅給人好印象，也能節省化妝時間和修圖的成本，這也能成為與其他模特兒競爭的優勢！

自我評量

1. 請簡述女性素顏到完妝的保養及上妝步驟。
2. 請簡述女性日常與正式髮型的樣式與風格。

專業彩妝師教你化妝小撇步 GO!

STEP. 1　卸妝清潔

上妝前，需要先確保肌膚是乾淨的，
使用溫和的潔面產品，清除多餘的油
脂和污垢，有助於妝容更好地附著。

❶ 清潔肌膚，將臉擦乾保持清爽。

STEP. 2　保養防曬

臉部保養很重要，能避免肌膚乾燥而使底妝出現浮粉、斑駁的情形。選擇合適的化妝水
打底，接著擦拭質地清爽的保濕精華，為臉部增加濕潤度；最後視個人肌膚狀況以乳霜
或乳液鎖水。

防曬是肌膚保養的關鍵步驟，可以視膚質不同使用防曬隔離產品，除了可加強肌膚對外
在環境的防禦力，還能幫助底妝更持久服貼。

❷ 於嘴唇上厚膚凡士林。　　**❸** 取適量化妝水置於手上，　**❹** 用相同步驟擦上精華液、
　　　　　　　　　　　　　　　　　先從右臉順時針擦拭，　　　　乳液、隔離霜 。
　　　　　　　　　　　　　　　　　再擦左臉。

STEP. 3　第一次底妝

接著選擇合適的粉底，由臉部中心向外，以輕點的方式將粉底均勻分布。

5 修容：

使用修容粉餅，於局部刷色
修容。

6 粉底：

挑選與肌膚相稱的粉底液顏色，以塗
刷或畫圓的方式上妝，讓膚色勻稱亮
白，輕輕按壓使粉底和肌膚更加貼合。

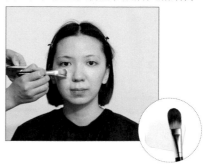

STEP. 4　遮瑕修飾

上完底妝後，可使用遮瑕產品來修飾
黑眼圈或痘疤等小瑕疵。

7 遮瑕：

於黑眼圈、鼻翼、疤痕處輕
刷上遮瑕霜，可提亮膚色。

遮瑕面積大 (痘疤、黑眼圈)：先遮瑕後定妝

遮瑕面積小 (斑點、痘印)　：先底妝後遮瑕

* 保濕噴霧：乾性肌可於遮瑕前，在臉部噴上
保濕噴霧，加強基底保濕。

STEP. 5　第二次底妝

將餘粉輕拍，再使用粉餅上一層底妝，可讓妝容更加持久。

⑧ 局部遮瑕：

用小刷具沾取遮瑕霜，再次覆蓋痘疤、痘印。

⑨ 乾濕兩用粉餅：

於全臉輕拍上粉餅，加強定妝效果。

STEP. 6　上妝

接著畫上眉毛、眼影、眼線、睫毛和腮紅，最後可再輕刷上一層薄透的蜜粉作為定妝，讓乾淨、輕透的底妝能夠維持更長的時間。

⑩ 眉毛：

使用眉刷梳理眉毛，再用眉筆畫上合適的眉型，即可作為日常妝容。

若想加強時尚感，可再用深咖啡色睫毛膏或眼線筆，增生野生眉流感，再用棉花棒修飾。

⑪ 鼻影：

使用深色修容粉餅，從眉眼三角區延著鼻背，輕刷至鼻翼，增加鼻型立體感。

⓬ 眼影：

使用刷具於眼窩暈染眼影，最後在眼頭處，塗刷亮白眼影打亮。

大地色系的眼影盤最適合亞洲人的膚色，且不論深邃或淡雅的妝感都合宜。咖啡色系眼影還能取代眼線，創造出柔和的妝感。

⓭ 眼線：

先將上眼皮向上翻，輕輕描繪內眼線，完成後再畫外眼線，完成眼線後輕輕掃過一層透明蜜粉定妝。

眼線液新手不好操作，建議可先使用眼線筆、眼線膠筆等產品，或直接使用咖啡色眼影作為眼線，等上手後再嘗試眼線液。

⓮ 睫毛：

先使用睫毛夾，將眼睛分成三段夾睫毛，可讓睫毛有自然的捲翹感，再使用睫毛膏往上塗刷，亞洲人可使用日常大地色系的睫毛膏，咖啡色睫毛膏有溫柔眼神的效果。

⓯ 腮紅：

微笑時顴骨的高處上，使用刷具斜向輕刷上腮紅，可加強微笑肌，並增加好氣色。

⓰ 打亮：

使用打亮餅，輕刷在眉骨、顴骨、T字部及鼻頭處提亮。

⓱ 口紅唇蜜：

使用霧面唇蜜以疊擦方式塗抹至唇部，再使用透明唇蜜增加光澤感。

Chapter *09*

打造時尚型男・保養修飾工法

現代的男士不只是生活品味及氣質都要兼具，連面子裡子也都要照顧到，才能創造屬於時尚型男的魅力。男士因為賀爾蒙分泌的關係，較易有出油問題，若再不注重保養，會產生許多肌膚問題，破壞男士們的外在印象。

本章將學習男性肌膚保養與時尚型男對美姿美儀的重要性，深入了解自我保養的美化方法，並提供男士妝髮的時尚要點，協助男士尋找個人的自我風格。

9-1

打造完美肌膚

所有的肌膚常識中，不論是任何膚質，最重要的就是清潔。與女生保養相較起來，男生的保養通常較簡化，但清潔不分男女，都是不容忽視的！男士的保養用品很簡單，其中包含基礎的洗面乳、化妝水、精華液、乳液及面膜，簡單的保養動作，不僅讓肌膚得到完善的照顧，同時也展現肌膚本身所應具有的年輕活力。

一、臉上泛油的處理

因雄性荷爾蒙的影響，以致於多數男士都有油脂分泌旺盛的困擾。臉部容易出油的人，可以增加洗臉次數，讓肌膚保持清爽；當覺得臉上泛油不適時，可先以隨手可取的面紙或吸油面紙救急。不過各位男士不要太勤快的洗臉和使用吸油面紙，因為肌膚分泌油脂是為了滋潤與保護，當肌膚長時間處於無油或少油的狀態時，肌膚會認為是「油不夠用」而增加油脂分泌，讓臉上出油的狀況日益嚴重。

清潔是肌膚保養中重要的一環。

二、水分補充與毛孔收斂

　　水分對油脂分泌來說也極其重要，肌膚缺水，會促進肌膚分泌油脂做滋潤，使得肌膚失衡，形成既出油、又覺得乾燥緊繃的混合性膚質。其實有時候只要一瓶化妝水，即能輕鬆達到補充水分的功用，進而調理油脂分泌平衡。

　　容易長痘痘的肌膚，除了多補充水分外，定時去角質也很重要，同時也要注意毛孔的收斂，可視肌膚狀況為自己添購精華液。使用收斂產品，是為了減少毛孔因出油而被撐開的情形；油性肌膚多伴隨毛孔粗大，油亮又大的毛孔看起來總是不太美觀。即使生活再繁忙，經由多方位的照顧，也能散發健康自信的光采！而且保養工作一定要持之以恆，才能達到改善膚質的效果，千萬不要短期獲得改善後，便將保養一事拋諸腦後，那麼肌膚問題還是會再找上你。

油水檢查

　　明明皮膚就很會出油，卻又感到緊繃，甚至會脫皮！？

外油內乾

　　摸起來油油的，可是肌膚又有緊繃感，冬天可能會脫皮。

　　雖然肌膚出油，但其實很缺水，減少使用含油分的產品，補充好水分，出油狀況自然能改善。

內油外乾

　　T字部位出油，眼下、臉頰乾燥，既長痘痘又脫皮。

　　肌膚外部缺水，油脂又無法順利排出，可以使用溫和的清潔產品，搭配去角質促進肌膚細胞更新，補油補水的產品都要使用，肌膚的油水才能平衡。

短期乾燥

　　最近肌膚突然變乾，但還是有出油的困擾。

　　可能是因為清潔過度導致水分下降、過度去角質摩擦或沒做好保濕，亦有可能是生理因素，如飲食或壓力。應重新調整自己的保養，並檢視一下最近的生活方式。

三、清潔肌膚

本身屬於敏感肌膚或體質者，建議宜選用天然成分且質地溫和的男士潔膚洗面乳，對肌膚的刺激較小，也能有保濕、滋潤的潔面效果。通常洗完臉後應有清爽的潔淨感，如果有緊繃感就表示太乾了，應更換清潔產品；有些產品加了保濕劑，洗完後會覺得臉滑滑的，這並不是沒洗乾淨，而是臉部肌膚多了一層暫時的保溼膜，切勿用力搓洗，反而會讓肌膚受傷。

還有注意的是，只含有控油效果的產品，通常含鹼量都較高，容易引起皮膚乾燥，選擇使用時要看清楚說明書。對於那些為了省事、方便而以清水或香皂洗臉的男士們，角質肥厚、粉刺、毛孔油垢等問題，是不可能被清水沖洗掉的；而過強的鹼性香皂，也易導致肌膚乾燥，並且還會將肌膚應有的油脂清光，不可不慎。

（一）清潔的方法

首先用溫水將臉輕輕拍濕，再將洗面乳搓揉出泡沫後，以旋轉的方式，由下往上揉洗臉部，特別是容易出油的 T 字部位，再稍加以指腹輕推，即可將毛孔內的油脂污垢一併軟化帶出。洗臉時間建議以不超過 1 分鐘為宜，否則肌膚會過於乾燥；再者請以微溫的清水將泡沫沖洗乾淨，再輕拍臉頰幾下，藉以強化肌膚毛孔的收斂性，減少肌膚油膩感。

洗顏幕絲。

洗面乳一定要搓揉出泡沫，清潔分子較小、清潔效果較佳。好的洗顏產品，起泡力都不錯，如果懶得打泡沫，可以選擇洗臉慕絲，或是使用洗顏球、洗臉海綿、起泡網等產品協助起泡。

（二）清潔後保養

洗完臉後要接著清潔，女士重保養、保濕，男士也不例外，尤其在乾燥的季節裡，保濕也是男士基礎保養之一。請先將化妝水倒在手上或化妝棉上，再以輕輕拍打的方式，讓化妝水有效地被細胞吸收。質地滋潤的化妝水即能形成肌膚保護膜，防止肌膚乾澀、水分流失，即時地補充肌膚深層的水分及養分，為後續的保濕程序做準備，最後再擦上乳液保護，對一般男士已足夠，基礎的保養工作即可輕鬆完成。

男女的膚質有所不同，如果要達到護膚效果，選擇男士專屬的護膚品較佳，但若是精華液、面膜等加強護理產品，則依個人膚質需求選擇。

四、不同膚質的保養

（一）油性及混合性肌膚

對油性肌膚而言清潔很重要，夏天可早中晚各洗 1 次，但不要過度清潔，對肌膚是一大傷害。混合性肌膚要有分區保養概念，油性部位加強清潔控油；乾性部位著重保溼，可局部使用乳液及霜類產品。在日常中的基礎保養上重視油水平衡，才不容易長青春痘；白天防曬選擇清透不油膩的產品，以化學性防曬成分為主的產品較不易阻塞毛孔。

（二）乾燥性及過敏性肌膚

乾燥及敏感型肌膚要加強保濕，只用精華液和乳液可能不夠滋潤，需要增加面霜性的護膚產品來鎖住肌膚的水分，加強肌膚的保濕度。因為肌膚較易受刺激，選擇產品時以低刺激、無香料的產品為主要訴求。

9-2

男士妝髮示範

想成為時尚型男，不只要有精準的審美觀與絕佳的品味，更要有將個性魅力發揮到極致的本事。近年男士愛美意識逐漸抬頭，多少受到電影電視劇的影響，偶像明星經過包裝，吸引觀眾的目光，也成功打造出高收視的成績；許多外表俊帥的「男神」，吸引了女士們的目光。雖然沒有專業造型師的協助，只要靠保養及彩妝手法，稍稍調整、修飾臉上不完美的地方，讓臉龐乾淨有精神，神采飛揚！

愛美是人的天性，男士也不例外，但以往礙於國情、民風，除了特殊情形或是特別職業所需，國內男士通常不會化妝；然而國外（日本、韓國）男士化妝已行之有年，且蔚為潮流。日本男士不論是學生或上班族，早就有了保養化妝的概念，有些人甚至不化妝不出門；「日系花美男」早就做到了保養與修眉、染眉等化妝技巧。而最近韓團崛起，男生更是大膽表現中性帥氣的微煙燻妝容，國內漸漸能夠接受男士化妝，也有越來越普遍的趨勢。

髮型的部分，以下提供幾項男士時尚髮則做參考：

一、超俐落極短髮

充滿春夏印象的清爽超短髮，適合五官深邃的男士，不僅能顯男士陽剛的顴骨、下顎輪廓，大露額頭的造型看起來也較有精神。每個頭型預留不同的長短修飾，後腦勺較扁平的男士，可將後腦頭髮留長一些營造蓬度。

髮線高、額頭圓凸、臉型較長，以及有 M 型禿問題的男士，頭髮可稍微長些，利用瀏海與兩側鬢角來修飾臉型。

超俐落極短髮。

二、清爽層次短髮

兩側稍短，整體頭髮不超過 4 公分，瀏海不長過額頭的一半，可依照不同臉型調整瀏海方向及分線。髮型具有層次感，可利用髮蠟加強層次表現，或是做吹整造型。看起來具清爽度，適合各種臉型的，選用不同造型方式，就能變化出多樣的風貌。

清爽層次髮型。

三、兩側削薄上留長髮型

兩側稍短，頂上刻意留長頭髮方便造型變化，依照不同臉型及造型需求可打薄髮量微調。不管是梳成乾淨的油頭還是放下瀏海僅利用髮蠟創造髮流線條，皆都合宜。

兩側削薄上留長髮型。

四、優雅中長捲髮

將頭髮留長過眉，搭配自然空氣感的燙捲造型，兩側髮量可依照臉型、個人喜好調整，帶點蓬度的捲髮，不僅能避免亞洲男士髮型扁塌的問題，也讓早上整髮工作更加輕鬆好打理。

優雅中長捲髮。

　　男士在化妝上的需求和女士一樣，最好能自然輕透若有似無，追求遮瑕功力的完美，並讓黑眼圈、痘斑等小瑕疵完全隱形；但男士不需要化妝化的像女士們這般「完整」。為了充分發揮男士魅力，將眉毛修理乾淨、在底妝下功夫修飾臉型、一點點的眼線和近膚色眼影讓雙眼有神，便能完成男士日常妝容。

專業彩妝師教你打造男士清透妝 GO!

Before

After

STEP. 1　卸妝清潔

上妝前，需要先確保肌膚是乾淨的，使用溫和的潔面產品，清除多餘的油脂和污垢，有助於妝容更好地附著。

❶ 清潔肌膚，將臉擦乾保持清爽。

STEP. 2　保養防曬

選擇合適的化妝水打底，接著擦拭質地清爽的保濕精華，為臉部增加濕潤度；最後視個人肌膚狀況以乳霜或乳液鎖水。防曬是肌膚保養的關鍵步驟，可以視膚質不同使用防曬隔離產品，除了可加強肌膚對外在環境的防禦力，還能幫助底妝更持久服貼。

❷ 修眉：

　　男生妝前可先修眉。

❸ 取適量乳液置於手上，先從右臉順時針擦拭，再擦左臉。

STEP. 3　遮瑕修飾

使用遮瑕產品來修飾黑眼圈或痘疤等小瑕疵。

④ 遮瑕：

於黑眼圈、鼻翼、疤痕處輕
刷上遮瑕霜，可提亮膚色。

⑤ 粉底：

挑選與肌膚相稱的粉底液顏色，以塗
刷或畫圓的方式上妝。

STEP. 4　上妝

接著畫上眉毛、眼影、眼線和口紅，最後可再輕刷上一層薄透的蜜粉作為定妝，讓乾淨、
輕透的底妝能夠維持更長的時間。

⑥ 眉毛：

使用眉刷梳理眉毛，再用眉筆畫
上合適的眉型。

⑦ 眼影：

使用刷具於眼窩暈染眼影，大地色系
的眼影盤最適合亞洲人的膚色。

⑧ 眼線：

輕輕描繪內眼線，完成後再畫外眼線。

⑨ 口紅唇蜜：

使用霧面唇蜜上色。

9-3

男士香水使用

　　男生噴香水能夠展現禮貌和個人魅力，準備參加一場重要的聚會、給對方一個良好的形象，而正確噴香水的方式會帶來很大的加分！使用香水不是女生的專利。男生可透過香水來維持自己的外在形象。噴上適合自己的香水，不僅僅增添自身男性魅力，更是日常表達禮貌的一種行為。讓自己圍繞著好聞舒適的香水味，這是必須的基本禮儀。

　　相對女性而言，男性噴香水的濃度和次數會比女性來的少，淡淡的香氣就足以給周遭的人帶來好印象。而噴香水位置建議選擇噴在體溫相對高的部位，溫熱的肌膚可以使香水味慢慢揮發，久留香氣。以下依噴灑位置區分：

一、噴香水於手腕

　　在職場上見客戶、與朋友相約，噴一點香水在手腕上可以代表你對他們的重視和禮貌。手腕是男生噴香水最常見的部位，輕輕噴灑就可以有很好的散香效果，還不會過於高調。

　　要特別注意如果穿著長袖，須小心因為觸碰其他物品造成香水被抹去。

二、噴香水於後頸

　　將香水噴在後頸的位置有迷人的效果，搭配適合的男性香水，提升整體的個人形象和魅力。

三、噴香水於耳後

　　參加特別的宴會或聚會前，在耳後噴一點男性淡香水，會不知不覺中成為人群的焦點！與人相會時，淺淺的香水味會停留在空間中，美好的氣氛下隨著你的動作和談吐為你加分，同時也會提升眾人回頭率，成為亮眼的男士。

　　根據香水本身的濃淡、個人的喜好，來決定香水的用量，可參考下表香水的種類。如果是味道相對淡的香水，建議噴灑 2~3 下即可，別因為味道淡而噴灑過多，如果是味道相對濃厚的香水，則可以先噴 1 下試試香味後，再決定是否繼續多噴 1~2 下。

　　每一款不同的香水都有自己專屬的前調（TOP）、中調（MIDDLE）和基調（BASE），前調（TOP）是剛噴香水後聞到的氣味，由比較小的分子所組成，在經過 30-40 分鐘後則會開始慢慢呈現中調（MIDDLE），2~3 小時後則開始以後味基調（BASE）為主。所以基調是香水停留時間最長的氣味，因此可以選擇味道較為濃郁厚實的香水，檀香木、沉香、琥珀、麝香等都很適合。

　　剛淋浴過或擦過乳液的肌膚是噴香水的最佳時機 這個時候噴香水可以讓香水的氣味分子牢牢附著在身體上，讓味道不容易消散。特別是前述的噴香水位置，手腕、頸部、耳後，保持滋潤狀態是非常重要的。

種類 ╱ 特徵	香精 Parfum	香水 Eau de Parfum	淡香水 Eau de Toilette	古龍水 Eau de Cologne
香氣濃度	高	高	中等	低
香精濃度	20~40%	10~20%	5~10%	3~5%
持久性	約 24 小時	約 4~5 小時	約 3~4 小時	約 2 小時
使用場合	正式場合、晚間隆重場合	正式場合、晚間活動	白天、辦公場合	運動、日常活動
使用量	少量即可維持香氣	少量即可維持香氣	需要較多的使用量	需要較多的使用量
舉例	Nº5 香精瓶	Nº5 典藏香水	Nº5 L'EAU 清新晨露淡香水	清新古龍水

（圖片來源：CHANEL 官網）

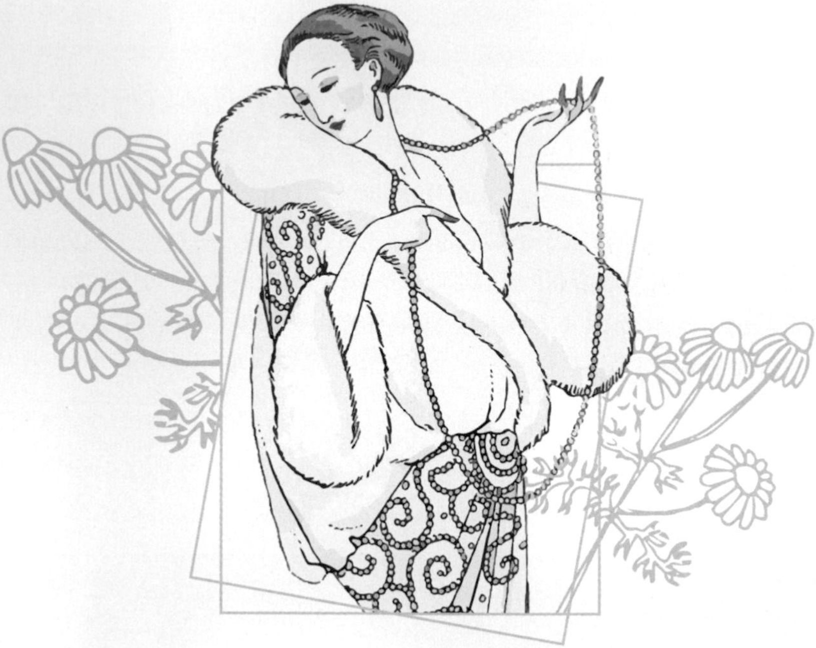

Chapter 10

國際標準禮儀・營造優雅生活

　　禮儀乃是社會上人們日常生活中相互往來所通用的禮儀。國際禮儀並非盲從西方文化，而是現今因交通發達，國與國之間的距離縮小，如何避免引起無謂的誤會與招致不必要的困擾，這時禮儀就變成了人與人溝通的最佳橋樑。

　　面對企業的全球化，想必將來與其他國家的同事相處機會更為增加，即將面臨職場的大學生們如何在短短的面試時間爭取黃金 6 秒的時間，掌握上司對你的第一印象，增進自己的面試機會呢？這時候國際禮儀更顯重要。國際禮儀的學習，是目前社會的趨勢，以培養大學優質的文化，開拓不同領域的學識，增進國際觀以落實生活禮儀為基礎，無論面對何種國籍、年齡、性別的人，都能做出最得體的應對。

10-1

稱謂禮儀

　　社交場合中人們經常稱呼他人，有沒有稱呼和如何稱呼，都涉及禮儀問題。稱謂指的是人們在日常交往應酬之中，所採用的彼此之間的稱謂語。在人際交往中，選擇正確、適當的稱呼，反映著自身的教養、對對方尊敬的程度，甚至還體現著雙方關係發展所達到的程度和社會風尚。

　　稱謂禮儀是在對親屬、朋友、上司或其他有關人員稱呼時所使用的一種規範性禮貌語，它能恰當地體現出當事人之間的隸屬關係。

　　人際交往，禮貌當先；與人交談，稱謂當先。使用稱謂，應當謹慎，稍有差錯，便讓人見笑。恰當地使用稱謂，是社交活動中的一種基本禮貌，稱謂要表現尊敬、親切和文雅，使對方感到被尊重；正確地掌握和運用稱謂，是人際交往中不可缺少的禮儀因素。

一、符合身份稱謂

　　當清楚對方身份時，既可以對方的職務相稱，也可以對方的身份相稱，如：「某醫生」、「某教授」；當不清楚對方身份時，可採用以性別相稱，如：「某先生」、「某女士」，亦不失為一個權宜之計。

二、符合年齡稱謂

當稱呼年長者時，務必要恭敬，不應直呼其名；當尊稱有身份的人時，可將「老」字與其姓相倒置，如「張老」、「王老」；當稱呼同輩的人時，可稱呼其姓名，有時甚至可以去姓稱名，但要態度誠懇、表情自然、體現出真誠；當稱呼年輕人時，可在其姓前加「小」字相稱，如「小張」、「小李」，或直呼其姓名，但要注意謙和、慈愛，表達出對年輕人的喜愛和關心。

10-2

應對禮儀

一、說話的藝術

說話誠懇、態度謙虛、音量適中、說話客觀、具幽默感、避免政治性和比較性話題、避免與人爭執、避免失態、多給人讚美、不探人隱私。

二、介紹順序

1. 女士優先— LADY FIRST。	5. 將賓客介紹給主人。
2. 先將低階者介紹給高階者。	6. 若遇鄰座客人不認識時，可先自我介紹。
3. 將年幼者介紹給年長者。	7. 主人應為來賓逐一介紹。
4. 將未婚者介紹給已婚者。	

介紹時，應女士優先。

三、稱呼

普通男女之間對男士均稱「先生」，對已婚女士稱「夫人」或「太太」，未婚女性稱「小姐」，英語的「SIR」用於下屬對上司，生意人稱對方，平輩不宜使用。法語的「Madame」，在英語國家多為傭人稱女主人，對平輩少用為宜。

四、握手

上身略向前傾，各自伸出右手，握手時間以三秒鐘左右為宜，倘若女士沒有先伸出手，男士絕不可以主動握手，有配戴手套者也應脫下手套。

握手時間以三秒鐘為宜。

五、行禮

（一）點頭禮

適用平輩及上對下。

（二）鞠躬禮

適用於下對上、晚輩對長輩的情形，一般寒暄或送客戶時，應行 30 度鞠躬禮；表達深切的敬意或感謝時，可彎身至 45 度。彎下腰時不要低頭看腳尖，切勿梗著脖子用下巴跟人問好。

（三）吻手禮

西方文化的傳統禮節，親吻手背，表示歡迎、禮貌、尊敬或者甚至是奉獻，一般用於男士對女士，且是已婚女士。

30 度鞠躬禮。

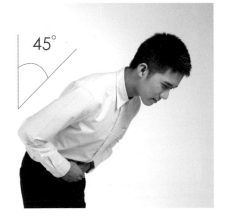

45 度鞠躬禮。

10-3

職場禮儀

職場上依職階、職權分出上下階級，在正式商業場合，必須考量到更多的禮儀和細節。

一、接待訪客

先致意問候，再自行介紹，不速之客可機智招呼。訪客來訪時應引領訪客至座位，並奉上茶水，送客時應目視訪客離去，直到看不見身影才離開。

接待來賓的基本原則：

- 誠懇的原則。
- 親切的態度。
- 理想的場所。
- 妥善的安排。
- 專業的訓練。
- 迷人的風采。
- 機智的口才。
- 接待前 FOCUS IN，接待時 FOCUS OUT。

二、電話禮儀

受話者應於三聲內接起，並先報姓名及機關名稱，語調適中清晰溫和，留話時記下對方姓名、電話、是否回話及記錄時間。發話者預先準備談話內容，簡潔明瞭不重複，通話中不宜與其他人交談，通話時的語氣應親切有禮；留話時記下對方姓名、電話、是否回話、留言內容及時間。

三、名片禮儀

遞交名片時應以雙手遞名片，注意文字部份一定要朝上，正面文字朝向對方，以示尊重。接收名片時應起身站立，面帶微笑目視對方，以雙手接名片，輕唸對方名片上的抬頭，絕不可接過後看也不看就隨便塞入口袋，對方會覺得不受重視，對你的印象也會不佳。以下介紹遞交名片流程：

STEP 1

準備好名片，目視對方。

STEP 2

雙手遞送名片。

STEP 3

名片文字朝上，並面向對方。

STEP 4

以雙手接過名片。

STEP 5

雙手接過名片，輕聲念出名片上抬頭，看過後才能收起。

STEP 6

雙方相視而笑。

10-4

生活禮儀

一、行走禮儀

（一）尊卑有序

　　兩人同行時，前尊後卑、右尊左卑；多人同行時前為大、後為小、右為尊、左為次；有引導員時，引導員左前、賓客右後。

　　三人同行時，行走順序由左而右為最卑者→最尊者→次尊者；但若為男女混合時，應注意男女有別；多人同行時，則最前方為最尊。

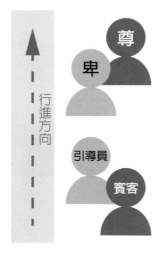

兩人同行時，前尊後卑、右尊左卑。

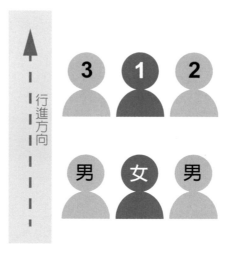

三人同行時，中間位置最尊，若為男女混合，應讓女士走在中間或遠離馬路側。

（二）男女有別

1. 女士優先。

2. 三人同行：兩位男士與一位女士同行時，應讓女士走在兩位男士之間；一位女士與兩位男士同行時，應讓男士走在靠馬路那一側。

3. 一對男女：一般狀況下為男左女右，走在道路上時，應讓男士走在靠馬路那一側。

4. 接近門口、電梯時，男士應負有「開門」的責任，讓女性先行進入。

5. 正式場合應該由男士先行。

6. 有引導員的場合，走在最前頭為引導員，其次是女士，最後是男士。

7. 道路狹窄的情況下，一對男女遇見一位女性時，男性應該讓對方女性先通行，再跟上自己的女伴。一對男女遇見一位男性時，則該位男性宜先讓這對男女先行通過。一對男女遇見另一對男女時，則應由兩位男士讓兩位女性先行通過，再跟上自己的女伴。

（三）徒步儀態

1. 走路要集中注意力隨時注意路況。

2. 不要在走路時，將雙手放在褲腰袋內。

3. 依標準走姿行走，走路時不可兩手交叉在前或合抱在後。

4. 不可邊走邊吃。

5. 如果遇到認識的人應該點頭為禮。

6. 遵守交通規則，像過馬路時應走斑馬線。

7. 為了避免擋人去路或是發生肢體碰撞的尷尬場面，應養成靠右行走的習慣，避免容易產生衝突。但在某些國家或地區，若是有靠左行走的話，也應該入境隨俗，尊重該國家或地區的規範。

二、交通禮儀

上下車時，男士應為女士開車門，並在女士上下車時，伸手護住女士的頭部。

上車應由卑位者先上，尊位者後上為原則，例如晚輩陪同長輩上車，並非由長輩先上車，而是由晚輩先上車，再向左側移動，空出右側讓長輩上車。另一種方式是，卑位者先為尊位者開右側門，再繞到另一側自行上車。

下車時反之，應由尊位者先下車，晚輩再往右側挪動，而後下車；也可以卑位者先下車，繞過來為尊位者開門。

男士應為女士開車門，並伸手護住女士的頭部。

卑位者可先下車開車門。

乘車時應注意以下事項：

1. 遵守交通規則。

2. 入境問俗。

3. 不輕易按喇叭。

4. 男士應先禮讓女性。

5. 提包或行李不能放在座席上。

6. 不跟司機攀談。

7. 依照座位的尊卑次序而上下車。

8. 車廂都屬廣義的公共場所，故都應禁止吸菸。

9. 搭乘巴士，應讓老弱或易暈車者坐於前排，但不宜搶位、霸佔。

10. 上下車時應禮讓、相互協助、確認是否有物品遺留在車上。

11. 上車前宜處理好生理問題。

（一）乘車位次排列

公司車或計程車，一般以後排右座為主管上座，小職員只能坐司機旁。但在接待重要客戶時則以司機後面座位為上座，因為這位置安全度及隱密性最高。

一般後側右者為大，左側次之，中間最小；若司機為主人，則其右側應為其配偶；若司機不為主人，則主人應坐後方右側。

主人夫婦一同駕車迎送客人時，主人夫婦都坐在前座，賓客夫婦則坐於後側。

如果僅主人一人駕車迎送賓客，可以由男賓陪同坐在前座，女賓則坐在後座右側；如果賓客僅有一人，那賓客仍應陪主人同坐於駕駛座旁。中途有人下車時，坐在尊位的賓客先行下車，那後面的賓客仍應依序往前遞補較尊的座位。

同車者有長輩，最好安排在副駕駛座或是駕駛座的後方，女賓及小孩基於安全的理由，都不宜坐在前座。乘車時副駕駛座一定要有人，搭同事或朋友便車卻坐在後座，把車主當計程車司機是沒有禮貌的。

搭乘大眾運輸工具時要注意：

1. 不能隨地扔紙屑。

2. 不能毫無顧忌打噴嚏。

3. 別的乘客看報時，不能湊過去瞄上幾眼。

4. 不能把腳伸到車廂通道上。

5. 不能大聲講話，不管談的是工事還是家事。

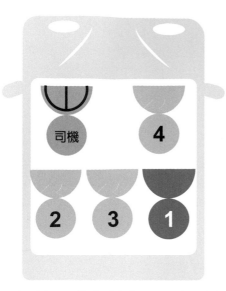

一般乘客＋司機的乘車位次，位階最卑者坐司機旁，通常其負有協助開車門、指引路線等工作。

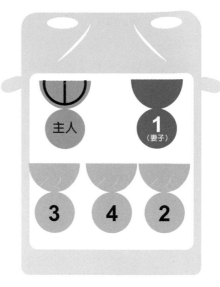

主人駕車的狀況，主人身旁必須有人坐，不能把主人當司機自己坐在後座，這是很失禮的事。

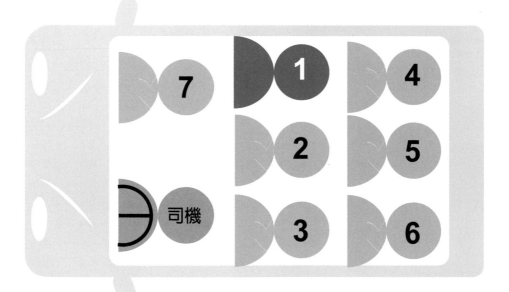

九人座車的乘車位次，依位階順序，最尊貴者坐的位置下車最方便，最卑位者坐於司機旁，便於協助開車門或指引路線。若是由主人開車，則主人身旁坐主人的妻子或最尊位者。

（二）搭乘火車禮儀

在國外的火車，會出現同列火車的車廂，依序分成頭等、二等、三等的座位的情形，應分辨清楚，不可越級，並且依序對號入座。國內則以列車分等級，對號車應對號入座，無對號的列車有設博愛座，應優先禮讓老弱婦孺。

1. 行李過重或過大，不宜帶入車廂內，宜拖運，或置於行李置放區。

2. 臥鋪火車的下鋪應禮讓老弱婦孺。

3. 赴餐車進食須先訂位，用餐後亦需給小費。

4. 更衣室或洗手間不得佔用太久。

5. 不可以攜帶寵物進入火車站內，以保持火車站場所的公共安全。

6. 手提行李應放置行李架，不可橫放走道，妨礙通行。

7. 將手機調成震動或靜音，小聲交談，以免影響其他乘客安寧。

（三）搭乘捷運禮儀

捷運（Mass Rapid Transportation System = MRT），即俗稱的地下鐵（Subway）。捷運並無對號入座，因此隨到隨坐，沒有火車高級車廂對號入座的限制，但仍應排隊入座。搭乘捷運嚴禁在車廂內嚼口香糖，吃東西或喝飲料。

遇有緊急事故，捷運車廂設有緊急停車的拉把，可使列車緊急停駛，但絕不可在平時隨便把玩。

（四）乘船禮儀

1. 遊輪會有 welcome party，穿著正式服裝出席。

2. 準時，不大量飲酒。

3. 遊輪上的餐廳和遊樂設施可能是免費或付費，應遵守使用須知。

4. 艙等分為內艙、外艙、陽台艙。

5. 船上服務生，如客房清潔工、侍者、調酒員、行李員等，皆須賞小費。

三、搭乘電梯的禮儀

搭乘電梯時要注意以下原則：

1. 遵守「先出後進」原則，等待時應靠側站立，勿擋住電梯口。

2. 進入電梯後，應該是面向「出口」，不可聊天喧嘩。

3. 站在開關旁的乘客，應主動為其他乘客服務。

4. 電梯內不宜交談，並且絕對禁煙。

5. 在電梯裡，如有長輩，上司，應詢問他們到達樓層，主動為之服務。

6. 如有女士搭乘電梯，應當女士優先，待電梯門開後，用手擋住電梯門，待女士進入後，自己進電梯，同時主動為其服務。

7. 如果先進入電梯的人，發現後面有人也想趕搭電梯，先進入者有義務為後到者按住電梯稍候一會兒，後到者也應表示謝意。

電梯內部為上位，靠近出口與按鍵處為下位。

8. 搭乘電梯時，如同行者有上司、客戶或長輩，晚輩應先行按等候電梯，電梯到時應先按住開門鍵，待上級進入電梯後，晚輩再隨後進入，電梯內晚輩要站在離按鈕最近處，以便為同行的上級開門，上級優先步出電梯，晚輩應當殿後。

9. 電梯優先對象：長輩、女士、客戶、上級。

10. 電梯內分為上，下位，電梯內部的兩個角落是上位，靠近按鍵處則是下位。

上下樓梯要注意安全，左為正確，右為錯誤示範。

四、使用電扶梯的禮儀

電扶梯（Escalator）的設計都至少可容納兩個人身的寬度，應該要靠右側乘坐，左側則留給想要趕時間的人，或是想超越的人通行，以保持電扶梯的順暢。要注意部分國家乘坐電扶梯的習慣，可能是靠左站立。

五、上下樓梯的禮儀

上樓梯時，女性、上司、長輩在前，男性、晚輩、下屬在後；下樓梯時則顛倒過來。上下樓梯時須注意踏階，一步一步小心踩踏，不可一次跨好幾階，或是一邊嬉鬧、看手機，除了不雅觀之外，也容易造成意外發生。

10-5

出國禮儀

一、出國前的準備

行李打包時，除了要攜帶換洗衣物外，還要注意以下事項：

1. 以居家服代替睡衣（國際間睡衣只在臥室穿，不可穿出臥室外的場所）。

2. 準備海灘拖鞋，可代替室內拖鞋。

3. 準備一套正式服裝，歌劇、表演欣賞和宴會，均需著正式晚宴服。

4. 長袖外套，許多國家早晚溫差很大，所以長袖外套是必備的衣物之一。或是帶一條百搭的披肩，穿著小禮服時可搭配。

5. 準備日常用藥，以防萬一。

6. 鋰電池（含行動電源）應隨身攜帶，不可託運。

7. 罐、瓶裝保養品請置於託運行李內，隨身攜帶保養品容量需在 100ml 內，並裝入夾鏈袋。

二、登機前的禮儀

1. 養成排隊習慣。在外國，只要兩個人就須排隊。

2. 候機時，行李應放於右下角，不可置於椅子上或走道上，妨礙別人的通行。
萬一沒空椅子可坐時，可別用蹲的姿勢，因為這是非常不雅觀的。

3. 機場內除了吸菸室，其餘地區都禁止吸菸。

4. 在候機室，若與人談話時，音量應放小。

三、飛機上的禮儀

1. 一般登機與下機順序，頭等艙→商務艙→經濟艙。

2. 搭機時想換位子，應在飛機起飛後發現仍有空位，並徵求空服員同意後再換。

3. 飛機座艙內，男士必須把帽子脫掉，以示禮貌，女士則沒有要求脫帽。

4. 坐在座椅上，不能將腳跨到前面的位置上。

5. 盡量不帶食物上機。飛機上不吃瓜子之類會發出噪音的食物。

6. 需要空服人員幫忙服務時，只要按燈，別用叫喊或拉扯空服人員的衣服，更
不可拍打空服人員的臀部。

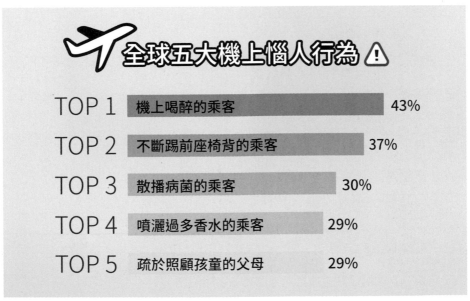

資料來源：Expedia.com.tw。

7. 洗手間是禁煙的：有人使用時指示燈是亮「Occupied」，無人使用是「Vacant」，使用洗手間前記得先確認一下。

8. 休息時別太熟睡，睡到別人身上；因飛機座位狹小，走出座位會經過他人面前時，應小心；隔壁乘客需經過你面前時，應起身讓對方容易通行。

9. 用餐時可用點酒，但須注意自己的酒量與酒品。部分航空公司，酒類提供有時是需付費的。

10. 飛機抵達時，應於飛機停妥後，再起身拿行李，排隊走出機艙。

11. 有三歲以下幼兒，或坐輪椅者，應於訂票時向航空公司說明狀況，確認是否有嬰兒床、輪椅託運等服務。

12. 若有特殊餐飲需求、照料需求、特別行李…等狀況，宜於訂位時先行告知。

13. 飛機起飛降落期間，或廣播留意亂流期間，宜緊繫安全帶。

14. 全程仔細聆聽廣播，並配合空服員指示。

LAVATORY

OCCUPIED

使用中

VACANT

無人使用

飛機洗手間指示燈。

四、入境時的禮儀

1. 海關問話，應注意聽並且有禮貌地回答，最後別忘了說「謝謝」。

2. 取行李時，行李在行李架上，過重請人代勞，但別忘了說「請」、「麻煩」，並微笑地說「謝謝」。如有搬運行李工代勞，可別忘了給小費。

3. 應找換小額的當地錢幣，以備小費之用。

4. 把手錶校對為當地時間，參加任何活動或與人約會才不會誤時。

5. 入境通關時不可使用手機。

五、入境隨俗

1. 一定要先打過招呼，並徵得對方同意，方能照相。

2. 勿忘記對歷史的敬重，不要隨意批評，也決不可在古蹟塗鴉。

3. 最重要的是禮讓他人的心情。搭乘電梯時，不趕時間時應靠右站立。

4. 上洗手間時應在門口排成一列，部分國家可能收取廁所清潔費用。

5. 許多展館可能禁止攝影。

六、宗教上的特別須知

1. 注意勿因輕率的行為冒犯了外國的信仰，部分廟宇會有針對特定人進入的禁令規定，應遵守之。

2. 教堂、寺廟、清真寺宜避免穿著迷你裙與無袖等暴露肌膚的衣物；一定要脫帽，參拜寺廟、清真寺等也需脫鞋。

3. 回教（伊斯蘭教）信奉唯一真主「阿拉」，創教者穆罕默德，以可蘭經為經典，教徒統稱為穆斯林，每日向聖地麥加禮拜五次。

4. 回教與印度教認為左手是不潔的，與人交流時應注意。

5. 回教規定回曆九月為齋戒月（斷食月），這期間內盡量在旅館內用餐。

6. 回教徒用手取食，不吃豬肉，嚴禁抽煙、喝酒、咖啡因。

七、易遭誤解的行為

1. 招手：歐美幾乎所有的國家都以為以手背揮手表示「站到那邊去！」，所以叫人時，注意要手掌向上。

2. 以手掩口輕笑：會被誤以為是瞧不起人，或者是有什麼陰謀或算計，而陪笑與伸舌頭等的行也必須特別留意。

3. 擤鼻涕、打嗝：在別人面前擤鼻涕、打嗝，會被認為欠缺教養。

4. 點頭：希臘表示「不同意」。

5. 搖頭：希臘表示「同意」，印度式晃頭表示「沒問題、很好」。

6. 親吻手指：哇！美極了！（對香車、美人、美酒）。

7. 摸小孩的頭：許多國家認為頭部是很神聖的，不能隨便被人摸。

印度式晃頭意義。

OK 手勢通常代表肯定，在部分國家表示惡意、仇恨。

正 V 字手勢代表勝利，反 V 字手勢則表示侮辱。

翹大姆指在許多國家表示讚許或搭便車，部分國家則表示下流或侮辱。

手指交叉手勢在歐美國家表示祝福，部分國家則為不雅下流的暗示。

8. OK 手勢：每個國家代表的意義都不同，有時也表示惡意。

9. 翹大姆指：在美國代表搭便車、讚許，在澳洲代表下流。

10. 輕彈耳垂：在義大利表示有一個娘娘腔的紳士在。

11. V 字手勢：手背朝外表示「侮辱」。

12. 食指與中指重疊：在歐洲表示保佑或祝福你。

13. 食指拉眼皮角：「小心」或「我很留意」。

14. 鼻前圈指：在哥倫比亞表示談論的當事人是同性戀者。

15. 捏著雙耳：在印度表示懺悔或真誠，在巴西表示感激。

16. 食指頂住臉頰轉動：在義大利表示讚賞、美味。

七、旅館禮儀

1. 注意旅館的入退房時間，務必準時，絕不能 no show。

義大利常用五十個手勢及意義。

2. 如要請旅館代收信件包裹，應提前告知，確認是否有此服務。

3. 小費，通常行李員提一件行李要美金一元，房務一間美金一元，餐廳小費約為 10 — 15%，各國規定略有不同。

4. 通常旅館都禁煙，但部分旅館會有容許吸菸的房間。

5. 留意說話及電視音響音量

6. 除了飯店提供的拋棄式盥洗用品，其餘的東西都不能帶走。

7. 不得穿睡衣在走廊走動。

8. Room service 專指食物飲水，需給小費；House keeping 負責房內備品及清潔；Maintainess 負責硬體維修。

9. 櫃台可供換匯、影印傳真、旅遊諮詢、儲物、預約它項服務、叫車、寄信…等。鑰匙皆需歸還。

10-6

西餐禮儀

　　服裝方面，以整齊、端莊為主，男士可著西裝（需繫領帶），女士著洋裝或裙裝配包鞋，盡量避免涼鞋、牛仔褲和短褲。進入西餐廳時須讓女士優先，並等候帶位。入座時由服務生帶位，男士輕輕拉開椅子，讓女生站入椅子前，男士將椅子往前推，女士坐下，男士則由服務生服務入座。

　　大的物件（皮箱紙袋）不得置於走道上擋路，大衣等物件亦不宜掛於椅背，交給服務人員保管較宜。用餐一半欲離開一會兒時，可將餐巾稍微折小置於桌上後，不要搭在椅背上。應用餐巾擦拭嘴角汙漬而非紙巾，絕不能用餐巾擦臉。

　　餐巾對折置於膝上，絕不可插在領下或別在皮帶，不要搭在椅背上，也不可用來擦臉！正式用餐應先等主人及女主人打開餐巾，我們才能打開餐巾。

　　點菜時，討論菜單時應輕聲細語，對方聽的到就好，不可大聲喧嘩；選好菜後才請服務生過來，女生先點，男生後點。服務生會經常注意客人的需要，若需要服務，可用眼神向他示意或微微把手抬高，侍者會馬上過來，不要大聲呼喊，或做一些不禮貌的手勢。

一、用餐與餐點

（一）西餐程序

正式的西餐，上菜順序為：麵包→開胃冷盤（appetizer）→湯→熱開胃菜→沙拉→主菜→甜點及水果→咖啡或茶。

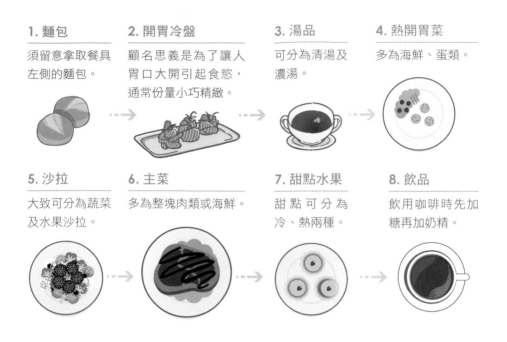

1. 麵包

須留意拿取餐具左側的麵包。

2. 開胃冷盤

顧名思義是為了讓人胃口大開引起食慾，通常份量小巧精緻。

3. 湯品

可分為清湯及濃湯。

4. 熱開胃菜

多為海鮮、蛋類。

5. 沙拉

大致可分為蔬菜及水果沙拉。

6. 主菜

多為整塊肉類或海鮮。

7. 甜點水果

甜點可分為冷、熱兩種。

8. 飲品

飲用咖啡時先加糖再加奶精。

主菜若是點牛排，服務生會詢問要幾分熟，常見的熟度為：

一分熟	三分熟	五分熟	七分熟	全熟
Rare	Medium Rare	Medium	Medium Well	Well Done

（二）洋酒

　　享用西餐時，餐間會有許多飲酒的機會，而不同時間所上的酒品都有不同含意如下：

1. 餐前酒（aperitif）作為餐前飲用的酒精飲料，以刺激食慾，也稱作開胃酒；氣泡酒、白酒、加烈酒和粉紅酒都很適合。

2. 席間酒（table wine）一定是葡萄酒，白肉配白酒，紅肉配紅酒；而氣泡酒要產於法國香檳（Champagne）區才能叫香檳。

持酒杯時需持杯柱。

3. 餐後酒（liqueurs）多為白蘭地、香甜酒或其他蒸餾酒，可幫助消化。

　　通常飲酒前還需要「品酒」，品酒的程序為先看（軟木塞、酒腳、沈澱物）、再聞（氣味）、後嚐（甜度、澀度）。持酒杯時，葡萄酒杯與香檳杯應手持杯柱，避免留下指紋，酒不會因為手的熱度而太快回溫。

　　拿高腳杯一般是拿著杯身下緣，舉起的高度約低於眼睛五公分左右，切勿握住杯口，容易留下指紋，若有口紅印也應偷偷擦掉。

（三）麵包

　　通常主菜未上桌前，服務生會先提供餐包，放的位置一定是在主菜左側，所以餐具左側的麵包是屬於你的，不要拿錯。吃麵包時，直接在麵包盤上把麵包撕成小口、塗抹奶油，否則離開麵包盤，麵包屑容易掉得滿桌都是，不易收拾；如無附奶油刀，可使用料理用刀。

　　有些餐廳會提供橄欖油，先把橄欖油倒少許在碟子裡，麵包同樣撕成一小口，沾橄欖油而食。也可以在用餐過程，向服務生要麵包來沾取主餐的醬汁，代表主廚的料理美味。

西餐的麵包不一定是配奶油，有時是提供橄欖油。

二、用餐與餐桌禮儀

中、西式席次安排不同，中式夫妻並坐，西式男女相對而坐，坐位安排以中為大，右邊次之，左邊最小。餐具使用是由外到內，由上到下；酒水杯皆在右前方，左方上菜，右方上水酒。

傳遞食物時，由男仕先傳給身邊的女仕，或經其許可代為服務。用餐時，肘臂不可張開也不可放置桌上，以免妨礙他人進食。

進入餐廳（宴會）前請先上廁所，正式或西式用餐開始，中途離席上廁所是失禮的（特別是西式禮節，女士離席男士都得站起來，很尷尬的），而主餐用完開始上咖啡甜點前，是可以去上廁所的。

還有一個要注意的重點，女士千萬不要在餐桌上補妝，補妝時的表情通常都不好看，也有粉屑掉落的衛生疑慮，請離席至化妝間補妝，保持您優雅的一面。

吃水果時，水果的籽宜先吐於叉子上或握拳的掌心內，再置入盤內，餐廳服務生自然會收走。喝咖啡、品茶時，小匙僅供調配使用，不可舀起咖啡或茶嚐其滋味。喝咖啡時以拇指、食指拈住杯把端起，小匙至於碟中不必端起。

女士千萬不要在餐桌上補妝，請離席至化妝間補妝。

口中如果有魚刺、骨刺或水果籽，應以手掩口，吐於叉子上或握拳的掌心內，再置入盤內。

不宜在餐桌上使用牙籤剔牙，請離席至化妝間。

以下列出使用餐具時的要點：

1. 餐巾（Napkin）

中途離席時，可將餐巾掛在椅背或對摺壓在餐盤下，用餐時將餐巾對摺平放在大腿上，以承擋可能掉落的食物，用完餐將餐巾略摺放在桌上即可。如有主客，須等主客動手才打開餐巾，如沒有主客，則點完菜後才打開餐巾。

餐巾有分正反面，通常有印該店 LOGO 的為正面，要用有縫線的內側來擦，擦完將髒污的部份摺起不外露，如果整條布都擦得髒兮兮，就請服務生再換一條。

須等主人動手才打開餐巾，在桌面下攤開餐巾，平放於大腿上，用有縫線的內側來擦。
請勿使用餐巾擦臉或擦拭餐具。

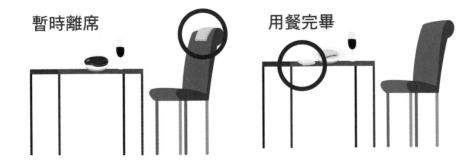

中途離席可將餐巾掛於椅背，用完餐可將餐巾略摺放在桌上即可。

2. 餐具的擺法

西餐餐具是照其上菜的順序而排，要由外向內取用，最先上的菜所用的刀叉在最外面，越裡面代表其對應餐點在越後面。

原則是「液體在我右邊、固體在我左邊」，刀、叉、匙是「小在外；大在內」。

3. 餐匙的使用

餐匙用來飲湯、吃甜品，不可直接舀取其他任何主食、菜餚和飲料。餐匙由內往外舀食，入口時，以其前端入口，不能將它全部塞進嘴裡。

喝湯時不可發出聲音，用畢後將湯匙放在碗內，湯匙的柄放在右邊為原則，湯匙凹陷的部份必須向上。

4. 刀叉的使用

刀叉的使用，應該右手持刀，左手持叉，使用時叉齒朝下，以拇指與中指握住刀叉柄、食指下壓控制力道。切下食物，一次一塊，切忌全部切碎才吃。

烤雞、乳鴿、羊排、螃蟹屬於可用手食物（finger food），但龍蝦則必須以刀叉取肉。使用刀子切食物，先將刀子輕輕推向前，再用力拉回並向下切，這樣就不會發出刺耳聲音了。

欲暫時離席，需將刀叉呈八字放至餐盤上，右刀左叉，叉面向下，刀口向內；用餐完畢時則將刀叉合放於餐盤右側，叉面向上，刀口向內。

餐匙由內往外舀食，以其前端入口。

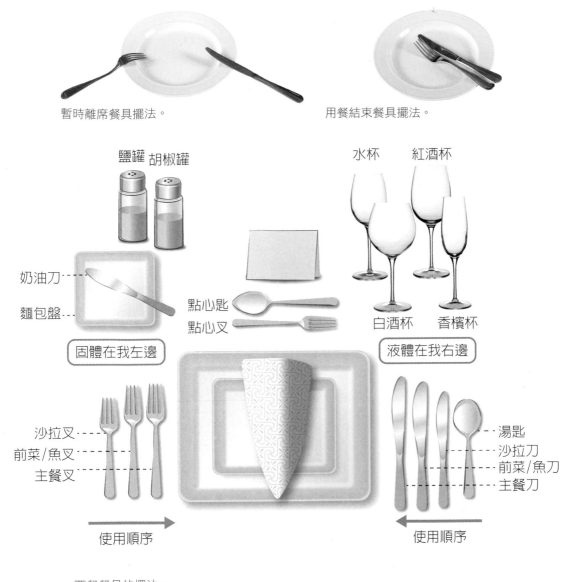

暫時離席餐具擺法。

用餐結束餐具擺法。

鹽罐　胡椒罐

水杯　　紅酒杯

奶油刀

麵包盤

點心匙
點心叉

白酒杯　香檳杯

固體在我左邊

液體在我右邊

沙拉叉
前菜/魚叉
主餐叉

湯匙
沙拉刀
前菜/魚刀
主餐刀

使用順序

使用順序

西餐餐具的擺法。

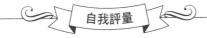

自我評量

1. 請敘述遞交名片的禮儀規範。
2. 請敘述搭乘電梯的禮儀規範。

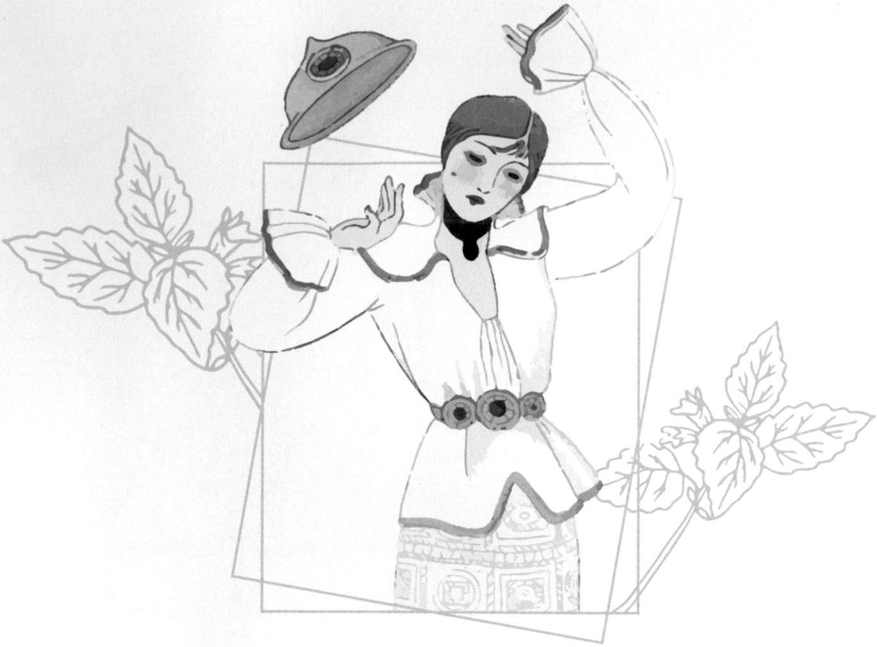

Chapter 11

舞台表演魅力・展現亮麗風采

　　若要成為專業模特兒，不只要會擺 POSE，還要千變萬化，才能符合客戶的需求。放到日常生活中，雖然平常拍照的姿勢只要輕鬆隨意即可，但若沒有經過學習鍛鍊，明明是不同的穿著打扮、在不同的地點，看起來卻像是用影像軟體合成一般，姿勢毫無變化。本章將提供站姿、坐姿、躺姿的 POSE 變化示範，不僅作為未來職業的學習指標，也可作為日常拍照的參考。

11-1

鏡頭 POSE 美學—
快速變化 POSE 的秘訣

一、站姿的變化

　　於舞台上走秀，以基本站姿為主，可以產生多種變化，比如調整上身方向、手部位置、頭部方向及目光，表現隨性、性感等不同氛圍。隨性站姿的表現，可要求模特兒轉向不同方向、改變雙手位置及頭部角度，整體是隨意而彈性的姿勢。

　　女性性感站姿的表現強調身型曲線，尤其是腰部，對模特兒的身型有較高要求，同樣對身型有高度要求。練習時可稍稍向前傾，以強調上半身的曲線；擺動手臂時，可雙手舉高過頭，緩慢地移動雙手，或扭轉身體，以找出最佳姿勢。性感站姿最常見的為突顯曲線的「C」形站姿，和性感嫵媚的「S」形站姿。S 型站姿對身型要求很高，但概念很簡單，不管何種角度，都要讓身體呈現 S 型曲線；而 C 型站姿多為側姿，有正 C 及反 C 兩種變化。

隨性站姿示範。

女士站姿示範

C 型站姿

反 C 型站姿

S 型站姿

男性的站姿則以挺立為主，男性的性感在於力與美的表現，應善用肢體動作的變化，配合服裝主題與攝影需求呈現出理性、陽光、憂鬱等氣質。

男士站姿示範

二、坐姿的變化

　　「坐」這個動作可以有許多變化，坐在地上和坐在椅子上的呈現也有所不同，前面章節介紹過坐在椅子上的標準坐姿，本節將示範平面攝影時的坐姿呈現。

女性常見的坐姿

1. 親切坐姿：重點是兩膝互貼，拍攝時稍稍採用高角度。

2. 側坐：感覺很專業及有個性的坐姿。

3. 抱腿而坐：感覺親切可愛的姿勢，拍攝時可試多
　 個不同角度方向。

親切坐姿

跪姿

抱腿而坐

一般椅子的坐姿變化
雙腿充分展現性感線條，
上身動作則親切可愛。

一般椅子的坐姿變化
利用表情與手部動作呈現
動態韻律。

高腳椅的坐姿變化

利用高腳椅的高度,比起坐
更接近為靠姿,微往後仰的
角度能延長雙腿線條。

高腳椅的坐姿變化

充分展現身體曲線的
側坐。

男性的坐姿示範

女性的坐姿需要充分展現身體曲線，而男性除攝影需求外，通常不建議過於柔美的姿態，仍以能展現陽剛氣息的姿態為主，以下示範地上與高腳椅的坐姿。

三、躺姿的 POSE 變化

　　這裡說的躺姿，等同於「臥姿」，包含了身體正面貼地的「俯臥」，與身體背面貼地的「仰臥」。

　　仰臥是以手肘支地，舒適地躺在地上，除了在室內拍攝外，也常見拍攝於草地、花園等。俯臥是一種感覺較親近而隨意的姿勢，嘗試從更低角度，例如貼近地面來拍攝。

俯臥

仰臥

11-2

手姿的類型

一、手勢的意義

　　手勢屬於一種非語言的溝通，是當的手勢能輔助攝影畫面更具傳達性，透露出廣告商希望表達的訊息，以下為常見手勢：

稱讚。

指示。

揮手。

過來。

二、手姿柔軟體操

透過手姿柔軟體操能使筋骨柔韌、訓練腕部的肌力，使手部姿態能夠更多變且持久，展現優美的線條。

手指

五指抓緊握拳後放開，重複至少五次，由大拇指至無名指依序往內合上。

握拳。　　　　　　　　　　　　　　　　　張開。

手掌

雙手上下輕輕擺動，重複至少五次。

雙手上下輕輕擺動。

手腕

手腕由內向外擺動，重複至少五次。

預備動作。　　　　　　　　　　　　手腕由內而外轉動。

手臂

　　將手臂上提，手背朝下，最後將手指往前延伸，手心朝上後輕輕放下，重複至少五次，左右交換。

手臂上提，手背朝下。　　　　　　　手指往上延伸，手心朝上後輕輕放下。

三、手姿的變化

　　手姿的變化非常多，以下分別示範手姿在身體各個部位的 POSE 擺放技巧變化。

輕撫髮絲

撫摸臉龐

輕撫下巴

輕撫肩膀

輕撫胸前

置於腰部

環抱身體

手搭臀部

11-3

眼神表情的訓練─眼神與表情的多種變化

　　美國知名的模特兒選拔實境秀中，不論是在拍照或走臺步時，評審都非常注重模特兒的眼神，不論姿勢多美，死魚般無神的雙眼，永遠無法獲得評審的青睞。模特兒最動人之處就是在眼睛，觀看者的眼光也總是集中在模特兒的眼睛，每一次俐落的轉身、定格時，眼神都要充滿自信，就能成功一半。

　　眼神要會說話，表情要自然，能在鏡頭前收放自如，自然就會上相。拍照和走臺步時，要想像自己是舞台的焦點，毫無顧忌的表現出最上鏡頭的一面。

　　表演時的精神狀態好壞，眼神是最有說服力的標誌；如病弱的時候，因為難以集中注意力眼神會較為渙散。眼神的表達很微妙，非常細小的變化，就可以改變整個表情的含義，因此平常應觀察、訓練自己的眼神，不只有力，還能表達出各種情緒，創造一雙「會說話」的眼睛。

帶著笑意的眼神。

一、表情的訓練

　　舞台上模特兒的笑容、轉身、手的擺放等姿態，看似輕而易舉，但實際上，專業模特兒可能會為一個簡單的轉身動作練足 100 次，直到訓練出最流暢的動作、最美的角度和最優秀的表情展現。對一般人、或職場人士而言，可以藉著模特兒的部分意念及技巧，以「平常生活化、融入尋常家」的方式，加以運用於生活及工作；這種訓練，既有助提升個人在職場上表達的技巧素質，也可以是個人生活的樂趣，特別是拍照的時候，舉手投足所呈現的姿態，就有不平凡的風采。

有力的眼神。

二、笑容的種類

我們最常表現的表情就是微笑，不論是出遊拍照或是職場交際，微笑是最重要的表情。而笑容的呈現有許多種類，笑的時候要配合眼神的表現，以免發生「笑不達意」、「皮笑肉不笑」的情形。

微笑

會心一笑

甜美的笑

開懷大笑

假笑

11-4

◇

發揮舞台超魅力—舞台、場地與走位練習

在米蘭、倫敦、東京、紐約或巴黎，每年都會舉行盛大且不同主題、季節的流行服裝秀表演，吸引來自全世界的流行先驅，包括模特兒、服裝本體、導演、評論與買家，共襄盛舉當前的流行時尚盛會，成為一個相互牽動的流行創作體。

在數十場服裝秀中，如何成為時尚人士的焦點，與服裝表演時的氣氛營造、伸展臺類型與動線規劃息息相關。本節針對服裝表演舞臺結構之基本元素、常見不同伸展臺類型與臺步動線之關係、臺步動線編排之方式與原則等觀點進行瞭解，作為模特兒或秀導之參考與運用。

一、舞台設計的視覺藝術

舞台的時裝表演（Fashion show），包含時尚服裝、產品形象的發布會和記者招待會，目標觀眾包括傳媒工作者，例如時裝評論家、記者、專欄作家，和未來的買家及消費者等，從事時裝表演的演藝人稱為時裝模特兒。

舞台是為表演提供的空間，功能上主要是提供舞台表演者活動的場所，並且引領觀眾進入設計者所營造的情境內。舞台通常由一個或多個平台構成，舞台設計所處理的內容，包括舞台布景、設備、燈光、布幕、音響、服裝造型等範圍；舞台的設計不僅吸睛，同時要能反應活動主題，運用視覺表現來與觀眾溝通。

舞台的設計不僅吸睛，同時要能反應活動主題。

一般舞台多為方形，由觀眾席往舞台的方向看，可以將舞台的區域分成九塊，如同一個井字型，稱為九宮格分法。九宮格分法適用於戲劇表演，以及伸展台的走位；以模特兒為舞台的左右，下舞台為接近觀眾席之區域，反之稱為上舞台，服裝秀導演在安排模特兒走臺步的動線時，可依此分法決定模特兒的站位點。

UR 右上	UC 中上	UL 左上
R 右	C 中心	L 左
DR 右下	DC 中下	DL 左下

觀眾位置

舞台的九宮格分法。

二、舞台的動線

時尚流行產業之蓬勃發展，連帶提升模特兒服裝表演工業之需求與機會，許多服裝表演形式風格，不再是單純服裝秀之呈現，還結合許多不同空間選擇與舞臺設計背後之藝術巧思；同時在伸展臺類型、模特兒臺步動線編排上，亦不斷的訴求多變性與設計感，並透過投影映射媒體技術之運用，專業模特兒肢體、情境之呈現，以展現出服裝表演之張力、多元性與視覺傳達藝術未來性。

伸展臺是提供模特兒展現服裝表演重要之平臺，T型為最常見的基本伸展臺類型，臺型簡單、視野廣泛，能夠使模特兒在臺上發揮服裝的最大展現效益，被廣泛的運用在大型服裝秀、產品發表等場合。

在安排模特兒的動線上，模特兒可由舞臺兩側任一出口上臺，走至中心點亮相後，直接沿著向前延伸的伸展臺展示服裝，並可藉由一趟或一趟半走法，來呈現服裝的設計元素、張力與模特兒的個人風采。但是當臺上只有一位模特兒展現時，所有焦點將聚集在臺上模特兒身上，因此有些許細微動作，包括眼神亂飄、不專注、肢體不協調、同手同腳、不在音樂節拍上或沒走在舞臺的中線等問題，將會被放大出來；同時應掌握每一個模特兒出場的時機，與兩個模特兒交錯的距離，否則容易造成相撞的情形發生。

典型伸展台的尺寸是長 240 公分、寬 120 公分，整體長度約 100 ～ 120 公分。前方延伸的走道寬度，取決於同一時間並排行走的模特兒人數，2 個模特兒時並排時，寬度約 120 公分即可，若要讓 3 ～ 4 個模特兒同時並排行走，寬度需達 180 ～ 240 公分。

伸展台的高度應該是能讓觀眾輕鬆觀看走秀的高度，所以若是在較小的空間時，一般高度在 20 ～ 25 公分；若在大型會場舉辦服裝發表會，高度可在 45 ～ 90 公分。

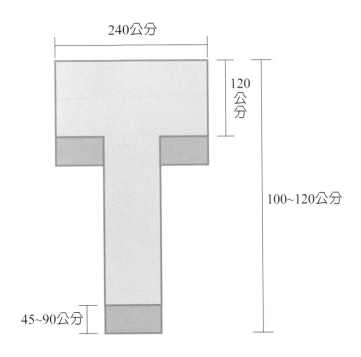

伸展台的基本尺寸。

（一）直線動線設計

在伸展臺上最常見的臺步走位方式，由後向前、前向後的動線設計，呈現出簡潔、乾淨分明的感覺，廣泛運用在 T 型伸展臺概念中，一般可分為一趟、一趟半走法。其中一趟走法，分為單點亮相與多點亮相兩種呈現方式；單點亮相走法，就是模特兒從後臺出來至前臺背板時，不亮相直接走中線到舞臺盡頭，擺出第一個姿勢，然後按原路線返回。

另一種就是一趟多點亮相走法，從後臺出來至前臺背板時，呈現第一個亮相點，然後至舞臺盡頭，呈現第二個亮相點，返回至前臺背板後，再呈現第三個亮相點的動線走位方式。

這種走法廣泛運用在國外設計師時裝週中，同時在模特兒人數與服裝眾多的情境下，模特兒大多被分配到一至兩套服裝，設計師就會希望透過簡潔的走位方式來完成服裝的呈現。

而一趟半大多為多點動線設計走法，路線為前臺背板亮相點→舞臺盡頭→舞臺中點→舞臺盡頭→前臺背板亮相點。主要目的就是希望模特兒在伸展臺上，能有多一點時間呈現出服裝的完整性，並利用每個亮相點，呈現出服裝多元之設計感，其亮相時的停頓時間，能讓後臺模特兒有更充足的時間更衣。此走法大多在模特兒人數、服裝套數少與配件過多之服裝內容時，秀導就會運用此動線設計安排，增加模特兒在伸展臺上停留的時間性與多元呈現內容。

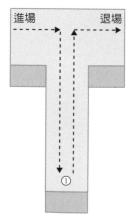

單點亮相走法。

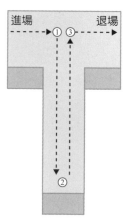

一趟多點亮相走法。

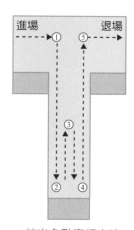

一趟半多點亮相走法。

（二）交叉動線走法

　　模特兒由右後向左前，再由左前向左後；或由左後向右前，再由右前向右後，進行左右位置變換的動線設計。主要針對不同型態之伸展臺，或沒有制式設計的舞臺，能讓舞台左右兩側的觀眾，都能欣賞到服裝，因此在動線設計呈現上，將結合單點、多點與交叉的走法，透過許多不同交叉走位方式，呈現出服裝的多元性與多人在伸展臺上的豐富效果性與不穩定、不平衡之運動感。因這種不同亮相點的走位方式，廣泛運用在運動服裝、牛仔褲之動感服裝表演中，其優點是可增加多人在舞臺的豐富性，反之是動線設計可能過於複雜，要注意模特兒交錯時的位置，避免有順序混淆、相撞等情形。

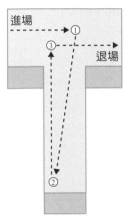

交叉動線走法 A。

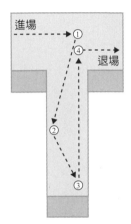

交叉動線走法 B。

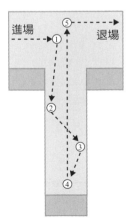

交叉動線走法 C。

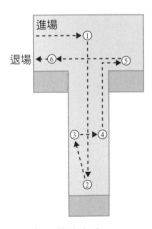

交叉動線走法 D。

（三）環形動線走法

　　主要針對大型、特殊（U型）伸展臺之動線設計，廣泛運用在許多國外大型服裝秀臺步動線之呈現與謝幕時，呈現出圓滿、完美感覺。

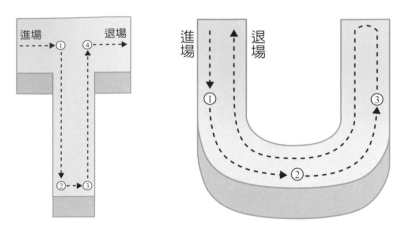

環形動線走法，T型舞台與U型舞台。

　　伸展臺是模特兒服裝表演的藝術空間，透過不同類型舞臺結構及簡單或複雜多變之臺步動線編排後，將可洞悉模特兒整體服裝設計元素外；亦能增加其觀眾視覺觀賞角度之全面性與服裝表演綜合藝術，使伸展臺、模特兒與臺步動線之間，形成密不可分之微妙關係。

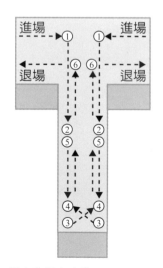

雙人的舞台走位。

三、走位 POSE 與音樂的結合

　　秀場氣氛吸引人，現場配合模特兒走秀步伐的秀場配樂是一大關鍵，好的時尚音樂能讓看秀觀眾完全融入設計師想要營造的環境氣氛中，更能體會五感融合的震撼，這也是為何大家想進秀場親身體會一下看秀的臨場感！

香奈兒 Chanel
時裝大秀影片。

路易威登 LV
時裝大秀影片。

迪奧 Dior
2024 時裝大秀影片。

四、走位時 POSE 與環境的結合

CHANEL 2016 年春夏高級時裝系列：香奈兒航空。

　　時尚秀的每一場演出皆有主題，設計師依主題去營造出舞台情境。以作家張愛玲的文句為引：「衣服是一種語言，是隨身帶著的袖珍戲劇」，讓模特兒以戲劇表演的形式，展開流行時尚與複合空間的對話。這一齣齣的戲劇走秀，由設計師和身穿著這件衣服的模特兒共同主演。

　　比如 Chanel 2016 年春夏的高級時裝服裝秀，即以機場做為舞台設計，在巴黎大皇宮的玻璃屋頂下，是巴黎—康朋機場的 2C 航廈，5 號登機門。一整排的登機櫃台，拼湊出香奈兒 2016 春夏高級時裝系列的伸展台。將天空的元素運用在針織與絲質材質上，並裝飾上航班告示板、方向箭頭以及飛機圖案。綁著運動風的雙馬尾，穿著發光的楔形涼鞋、銀色皮革或透明質材的魚口短靴，這些旅客炫耀著最新必備的旅行箱 "Coco Case"。

Chanel 2016 年春夏高級時裝服裝秀介紹文字，引用自 Chanel 台灣官方網站
http://chanel-news.chanel.com/zh_TW/home/2015/10/spring-summer-2016-ready-to-wear-collection-chanel-airlines.html

五、雙人定點亮相 POSE

　　一般來說，舞台模特兒著重於肢體的開發、協調性與默契，雙人同時在伸展臺上亮相時，可以有更多互動的搭配，除了動線的設計，可以藉由肢體接觸或目光交會，表現雙人之間的交流，激發出更多的表演效果。

目光交會

擁抱

搭肩

牽手（單手）

牽手（雙手）

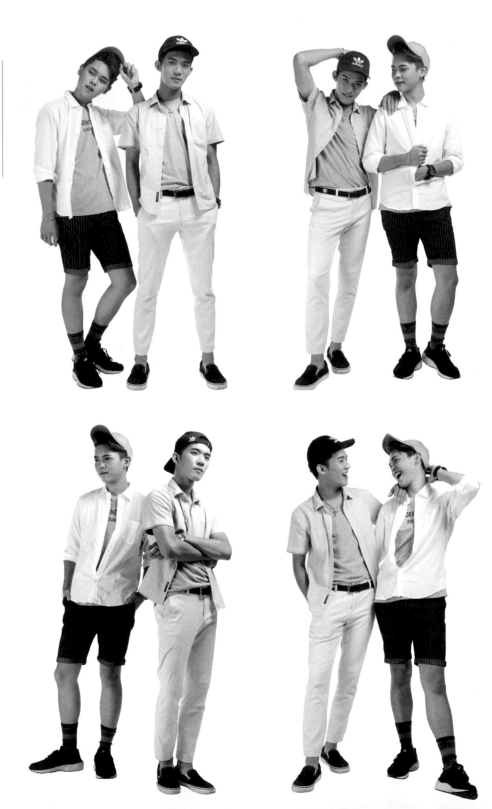

男性的雙人亮相姿態

男女的雙人姿態

交換位

雙人一起在定點亮相後，要交換位置時，可依下列順序：平行→目光互視→互轉→交換位置→左右朝外→轉身→分別往前與往後。

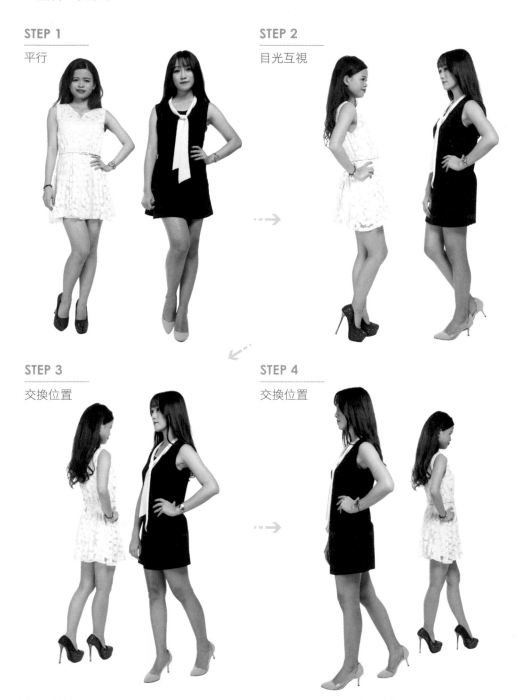

STEP 1
平行

STEP 2
目光互視

STEP 3
交換位置

STEP 4
交換位置

STEP 5

左右朝外

STEP 6

轉身

STEP 7

分別往前與
往後

男女交換位示範

STEP 1
平行

STEP 2
目光互視

STEP 3
交換位置

STEP 4
交換位置

STEP 5

左右朝外

STEP 6

轉身

STEP 7

分別往前與往後

自我評量

1. 雙人的舞台走位需要默契配合，請找一位夥伴進行雙人走位，討論實際走位時遇到的困難與改善方法。

2. 音樂決定時尚秀的氛圍，請於網路觀察幾個時尚秀，討論音樂對主題意象的影響。

Chapter *12*

/

流行時尚攝影・
百變肢體展現

　　專業的時尚攝影，不單是拍出好看的人像，商品的呈現、情境的搭配都十分重要。模特兒的職責，是能完整呈現一樣商品或一種概念，不僅要讓人注意到模特兒本身，也必須能完整發揮產品的特點；若攝影的目的是為了某種概念的呈現，模特兒也必須能表現出對應的氣質，營造出客戶想要的氛圍。

　　本章將簡單介紹何謂平面攝影、分享不同商品的呈現，以及比較平面攝影中，模特兒在展現肢體線條時常會出現的 NG 狀況。

12-1

何謂平面攝影

　　平面攝影，可指作為商業用途而開展的攝影活動。時尚攝影隨著時尚產業而蓬勃發展，它不僅出現在雜誌與廣告當中，許多傑出的時尚攝影作品，甚至被美術館所收藏。

　　平面攝影出現的地方相當廣泛，舉凡海報、傳單、公車廣告、捷運看板等，一個成功的平面廣告，在看到它的第一眼便能抓住你的目光。除了設計之外，以人像為組成的平面廣告中，模特兒也佔了相當的重要性，模特兒是否能演繹出商品的特色，成為廠商挑選的重點。

時尚雜誌封面（VOGUE Italia）。

時尚品牌廣告（LANVIN）。

12-2

◆〜◆

環境道具應用

　　想拍出好的平面攝影作品，攝影師除了要熟悉相機基本操作，還要依照不同的環境調整拍攝參數，包含光線掌控、背景選擇、人物引導、角度取決等。道具的應用上，隨身的帽子、可愛的玩偶及飾品，都可交由模特運用肢體展現，讓模特的表情與構圖擁有更多變化。

　　拍攝時要注意場景、衣服與配件間的色彩搭配，應適當的挑選色彩風格，拍出有質感且不失特色的影像。

　　以下為攝影的要點分析：

1. 建構模特兒：拍攝人像攝影當然需要模特兒。

2. 準備道具材料：道具包括桌椅、家飾等凡是生活裡人們需要的用品，都有助於虛擬攝影的真實化。

3. 空間環境問題：人物必須要在一個空間裡製造出情境效果。

4. 光線的問題：光線可以製造影像的氣氛。

5. 鏡頭、光圈、快門。

　　以下示範不同配件的表現方法，可以應用在平面攝影與舞台的定點亮相：

太陽眼鏡

帽子

包包

包包

花束

玩偶

氣球

包包

腰帶

絲巾

手錶

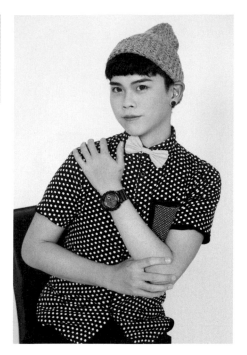

手錶

項鍊

手環

12-3

攝影 NG 狀況

一、臉部與手部線條的表現

NG

手掌托臉

手擠壓到臉部。

OK

手掌托臉

手部輕鬆的托住臉頰，可修飾臉部輪廓。

NG

輕撫下巴

手部姿勢對於臉部線條無益。

OK

輕撫下巴

手部姿勢美化臉部線條。

NG

手置胸口

手指張開線條感不佳。

OK

手置胸口

美化頸部與前胸線條。

NG

雙手托臉

整體有畏縮感，臉部被隱藏了。

OK

雙手托臉

美化臉部線條。

二、身體曲線的表現

NG

靠姿

腿部線條未拉長，雖是合格姿勢但較普通，未有加分功效。

OK

靠姿

站姿美化腿部曲線，並有臉變小的視覺感。

NG

鬆垮的線條

整體比例未拉長，
且有頭重腳輕感。

OK

挺立的線條

站姿美化腿部曲線，
並有臉變小的視覺感。

Chapter 13

/

名人風尚鑑賞·
感受優雅哲學

　　優雅是一種與年齡無關的氣質，容貌美麗的女性未必「優雅」，而優雅的女性卻一定「美麗」。優雅的女性對美有獨到的見解和追求，穿著富有格調、高貴脫俗，有充實的內涵和豐富的文化底蘊，僅著一襲布衣，也能流露出與眾不同的非凡氣質。優雅是一種生活態度：雖然沒有美貌，但若能做到優雅，便能超越美麗；有了美貌，做到優雅，美麗才能歷久彌新。優雅往往不在形容外表，而是一種修養與內涵，它包括自信、樂觀、知性與友善。

　　本章將介紹「優雅淑女」的兩個經典代表：奧黛莉·赫本和葛莉絲·凱莉。就算時光流逝，直到如今，這兩位女士依然是許多人心目中經典美麗的代表，她們的優雅與品味也從未逝去。奧黛莉·赫本和葛莉絲·凱莉，她們的舉手投足總是透露著優雅，淑女韻味令人移不開目光，這些名人的魅力並非是上天的恩賜。「優雅」是可以培養的，不用學習昂貴的才藝，只需要從日常生活中做起，培養出優雅的品味與氣質。

13-1

優雅的靈魂—奧黛莉·赫本

　　奧黛莉·赫本（Audrey Hepburn），在 1929 年 5 月 4 日出生於比利時布魯塞爾，英國知名音樂劇與電影女演員，晚年曾經擔任聯合國兒童基金會特使。

　　奧黛莉·赫本活躍於 1950 ～ 1960 年代的美國影壇，以優雅的氣質和卓越品味的穿著著稱，二十四歲時便以《羅馬假期》榮獲第 25 屆奧斯卡影后的殊榮。她從影超過卅年，作品雖不算多，但在她秉持著精挑劇本和慎選合作導演的一貫堅持下，她的作品中有一半以上可堪稱影史上的經典，例如《羅馬假期》（Roman Holiday）、《蒂凡尼早餐》（Breakfast at Tiffany's）和《窈窕淑女》（My Fair Lady）等。

　　奧黛莉·赫本晚年淡出影壇投身公益，多次親身造訪第三世界，以實際行動來付出她的愛。1993 年奧黛莉·赫本在瑞士家中病逝，享年 63 歲；1999 年，奧黛莉·赫本被美國電影學會選為百年來最偉大的女演員第 3 名。

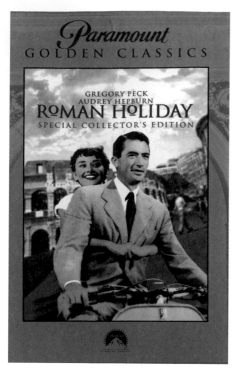

Roman Holiday，1953，Paramount Pictures。

Breakfast at Tiffany's，1961，Jurow-Shepherd。

奧黛莉‧赫本是二十世紀最受到崇拜與爭相模仿的女性之一，她鼓舞了女性去發掘與強調自己的優點；她不僅改變了女性的穿著方式，也改變了女性對自我的看法。比如她認為女性應該找出適合自己的打扮風格，然後運用服飾和四季的變化做點綴裝飾，而非時尚的奴隸，她曾說：「寧可便服出席盛裝場合，也不要在一般場合中成為唯一盛裝與會的人。」

奧黛麗‧赫本不僅以著名的電影作品和獨特氣質名留青史，她的人生哲學、處世態度才是備受尊崇的真正原因。

「妳在螢幕上看到的奧黛莉‧赫本，和真實生活裡的奧黛莉‧赫本並無二致，並且還要好上一百萬倍。」設計師傑佛瑞‧平克斯說。

也由於人生並不如表面順遂，反促使她更懂得體諒的藝術，晚年的奧黛莉‧赫本擔任聯合國兒童基金會大使，以身作則，至世界各地行善。她曾說，「請記得，如果你需要幫助，你永遠有你的手可以自己動手。當你成長後，你會發覺你有二隻手，一隻幫助自己，一隻幫助它人。Remember, if you ever need a helping hand, you'll find them at the end of each of your arms. As you grow older, you will discover that you have two hands, one for helping yourself, the other for helping others.」

奧黛莉‧赫本是許多人心中的女神，她的靈動、清秀、優雅，以及她的聰慧與善良，都鮮活地呈現了我們對女性真善美的想像。

　　以下分享奧黛麗赫本的經典語錄，奉行她的美麗哲學，將擁有內外兼具的氣質與自信：

1. 要有誘人的雙唇，請說善意的言語。

　　For attractive lips, speak words of kindness.

2. 要有一雙美麗的雙眼，請懂得看見他人的優點。

　　For lovely eyes, seek out the good in people.

3. 要有纖細的身材，請分享你的食物給需要的人。

　　For a slim figure, share your food with the hungry.

4. 要有亮麗的頭髮，請讓孩子撫摸你的頭髮。

　　For beautiful hair, let a child run his or her fingers through it once a day.

5. 要有優美的姿態，請與知識同行不要落單。

　　For poise, walk with the knowledge that you never walk alone.

6. 女人的美麗不存在於她的服飾、她的珠寶、她的髮型；女人的美麗必須從她的眼中找到，因為這才是她的心靈之窗與愛心之房。

　　The beauty of a woman is not in the clothes she wears, the figure that she carries, or the way she combs her hair. The beauty of a woman must be seen from in her eyes, because that is the doorway to her heart, the place where love resides.

7. 女人的美麗不是表面的，應該是她的精神層面，是她的關懷、她的愛心以及她的熱情。

　　The beauty of a woman is not in a facial mode, but the true beauty in a woman is reflected in her soul. It is the caring that she lovingly gives, the passion that she shows.

8. 女人的美麗是跟著年齡成長。

　　The beauty of a woman grows with the passing years.

9. 外貌是女人不可或缺的資本，其實兩個人聊得再投機，見面之後，還是外貌決定一切。外在決定兩個人在一起，內在決定兩個人在一起多久。

10.我堅信快樂的女孩最美，我堅信明天會更好，我也堅信這個世界會有奇蹟。

　　I believe that happy girls are the prettiest girls. I believe that tomorrow is another day and I believe in miracles.

13-2

永遠的王妃—葛莉絲‧凱莉

　　葛莉絲‧凱莉（Grace Kelly）出生於1929 年 11 月 12 日，生於美國費城，是美國電影女演員、慈善家，曾獲得奧斯卡影后，也是摩納哥親王蘭尼埃三世之王妃。

　　她短暫的電影生涯僅有 6 年左右，1954 年以《鄉下姑娘》（The Country Girl）一片獲得第 26 屆奧斯卡影后，當時她才二十五歲。二年後她嫁給蘭尼埃親王，成為摩納哥王妃，1982 年因車禍過世，享年 53 歲。凱莉自 1956 年嫁給蘭尼埃親王之後，即息影未再復出，但她那美麗的臉龐以及高貴端莊的氣質，卻永遠留駐在世人們的心中；1999 年美國電影學會選其為百年來最偉大的女演員第 13 名。

　　在愛爾蘭後裔天主教家庭長大的葛莉絲‧凱莉，少女時期不顧家人反對決意投身演藝生涯，進入紐約市的美國戲劇藝術學院，經過努力學習，很快她就開始在百老匯的舞台劇中開始作為配角演出。在參演了一系列的電視節目後，她在 1951 年開始電影表演生涯，並且在 1952 年《日正當中》（High Noon）一片中作為女主角的完美演出，奠定了自己的巨星地位。

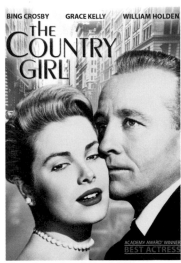

The Country Girl，1954，
Paramount Pictures。

To Catch a Thief，1955，
Paramount Pictures。

除了 1954 年以《鄉下姑娘》一片奪得奧斯卡最佳女主角獎,她還拍了一些著名作品,包括希區柯克的《電話情殺案》(Dial M for Murder)、《後窗》(Rear Window)、《捉賊記》(To Catch a Thief)等。在短短數年間,她就成為炙手可熱的明星,當時的大牌紅星如有克拉克·蓋博、詹姆士·史都華、平·克勞斯貝....等都曾跟她合作過;而與她多次合作的大導演希區柯克更是欣賞她的氣質,曾誇她:「Grace 是不需要化妝的演員;她使影片變得輝煌奪目;在她冰一般的外表下蘊藏著火一樣的熱情。」

1956 年,葛莉絲·凱莉與蘭尼埃三世結婚後,為了摩納哥王室的聲譽而宣布息影,1982 年 9 月 13 日,她與史蒂芬妮公主駕車出遊時心臟病突發,導致車禍,次日搶救無效去世。儘管出現在大螢幕上的時間短暫,但她嫵媚含情的笑容、精緻光潔宛如月光灑落的臉龐,透過永恆形象的價值,定義了屬於她的影視時代,也讓她成為風尚潮流的代名詞,2014 年也上映了美法合拍,以葛莉絲·凱莉為主角的傳記性電影,由妮可·基嫚(Nicole Kidman)來演繹她傳奇的一生。

從影后搖身一變成為摩納哥王妃,她的一生告訴我們,生命中總是充滿無限可能,我們應該放手去追求夢想,就像葛莉絲·凱莉曾經說的:

「基本上我是個女權主義者,我認為女人能做她們想做的任何事情。」

I am basically a feminist. I think that women can do anything they decide to do.

1956 年,葛莉絲·凱莉結婚時所穿著的婚紗,直到現在仍是許多人心中的夢幻婚紗。

13-3

不朽的巨星—湯姆・克魯斯

　　湯姆・克魯斯（Tom Cruise），出生於 1962 年 7 月 3 日，美國男演員及電影製片人。面對媒體，有精湛的演技，賣座的票房成績；面對人群，有低調的姿態，親切的笑容。沒有明星的包袱，以實力征服觀眾，是一位不斷挑戰自我的好萊塢巨星。

　　1983 年，在《保送入學》（Risky Business）一劇飾演 Joel Goodson，首次獲得全球音樂及喜劇類電影男主角的提名，開始受到大眾矚目，演藝之路開始發跡。其玩世不恭的模樣，可謂八零年代的青年代表。

　　2002 年的電影《關鍵報告》（Minority Report），他與史蒂芬史匹柏名導演合作，全片以眩目的科幻技術當作賣點，他飾演一位失去孩子後，不得不靠吸毒逃避自我的警察隊長。其彈性十足的演技，為他贏得眾人的喝采與國際的關注。

　　而湯姆克魯斯最為人所知的作品，便是風靡全球的系列電影《不可能的任務》（Misson Impossible），其足智多謀，勇敢善戰的形象深植人心，也正式開啟大家對他「阿湯哥」的親切稱號。

Minority Report，2002，Blue Tulip Productions。

Misson Impossible 6，2018，Paramount Pictures。

除了精湛演技令人津津樂道，他的私服穿搭風格亦受人矚目。有別螢光幕前給人的巨星形象，私下的他，穿著相當平易近人。他喜歡穿著舒適的衣著，即便是豔陽高照的大熱天，只要隨手搭配一頂遮陽帽，隨身散發時尚風采。

在共享天倫之樂的美好時光，他以一襲淡藍色襯衫，搭配深色的丹寧褲，此裝扮十分愜意愉悅，但絲毫不減個人風采，在深黑色的墨鏡底下，深藏不住的明星光采，懾人目光。

灰色是他在打扮上的色彩首選，除了有別於黑色給人的正式感，潔淨白色給人的休閒感，及優雅灰色不僅讓人顯得年輕，又可散發穩重的成熟氣質。在合身的襯衫外，披上一件有質感的圓領上衣，除了跳脫襯衫單穿的唯一手法，微微露出的領子與袖口配色，更具有畫龍點睛般點的搭配細節，這是他為人稱道的裝扮特色。

他也適時將潔淨的白色 T-shirt 當作內搭，讓亮眼的寶藍色系襯衫彰顯無比的親和力。對於影迷來者不拒的他，捨棄昂貴的西裝革履，總是在服裝上以親民的方式，拉近他與民眾的距離。他的舉手投足，都展現了迷人風采。

湯姆·克魯斯有著嚴格的飲食控制與身體力行才能適時的展現優雅氣質與雅緻風格 他的成功之道，是每個人都能效仿的典範。身為好萊塢無與倫比的巨星，每部主演的影視作品，幾乎都登上全球賣座電影出道 42 年來，他不僅備受媒體寵愛，也受到全球影迷的敬重，而其私底下盡是姿態親民，展露笑顏，不論是演技還是態度，都能征服所有人。

湯姆·克魯斯的私服穿搭。

13-4

永恆的特務—史恩・康納萊

　　湯瑪斯・史恩・康納萊（Sir Thomas Sean Connery），出生於 1930 年 8 月 25 日蘇格蘭愛丁堡，是蘇格蘭國寶級演員。在踏上演員路之前，他做過不少工作，例如海軍、人體模特兒，還曾獲環球健美先生比賽第三名。他甚至有機會進入英國曼聯足球隊，但在足球與演員中，他最後選擇了演員。

James Bond，1963。

　　史恩・康納萊踏上演員之路，是希望找到一個能一直堅持下去的事業與熱情。他堅持最長的一個角色就是大家熟知的「詹姆士龐德」，也是任期最長的龐德，他總共演了 21 年，共 7 部龐德電影。1983 年回歸演出的最後一部龐德系列電影《巡弋飛彈》（Never Say Never Again），那時康納萊已年屆 53 歲，硬朗演出獲得無限掌聲。

　　1989 年，他以 59 歲獲選《時人》雜誌「年度最性感男人」（The Sexiest Man Alive）稱號，是所有男星中年紀最長的。10 年之後，並再度獲選為「20 世紀最性感男人」（Sexiest Man of the Century）。

　　即便已鬢髮斑白，史恩・康納萊的魅力卻不減反增。他的一句經典廣告台詞表達得相當貼切：「有些人只是變老，有些則愈陳愈香」（Some age, others mature!）。他相當崇尚希區考克和畢卡索以有格調的方式老去，他說「他們努力一輩子，卻不顯滄桑」。史恩・康納萊曾表示，長相不是「性感」的唯一指標，能在生活中保持熱情（keeping enthusiastic）才是他真正在乎的。

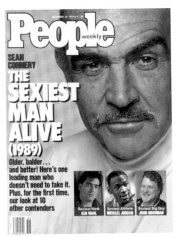

《時人》雜誌封面「年度最性感男人」，1989。

13-5

平面攝影賞析

美姿美儀：時尚優雅美麗聖經 / 徐筱婷編著. -- 三版. --
　　新北市：全華圖書股份有限公司, 2023.12
　　面；　公分
ISBN 978-626-328-705-1(平裝)

1.CST: 姿勢 2.CST: 儀容
　　425.8　　　　　　　　　　112014729

美姿美儀—時尚優雅美麗聖經(第三版)

作　　者／　徐筱婷

發 行 人／　陳本源

執行編輯／　黃繽玉

出 版 者／　全華圖書股份有限公司

郵政帳號／　0100836-1號

印 刷 者／　宏懋打字印刷股份有限公司

圖書編號／　0820302

三版一刷／　2023年12月

定　　價／　新臺幣 430 元

Ｉ Ｓ Ｂ Ｎ／　978-626-328-705-1

全華圖書／　www.chwa.com.tw

全華網路書店 Open Tech／www.opentech.com.tw

若您對書籍內容、排版印刷有任何問題，歡迎來信指導 book@chwa.com.tw

台北總公司（北區營業處）
地址：23671 新北市土城區忠義路 21 號
電話：02 2262-5666
傳真：02 6637-3695、6637-3696

南區營業處
地址：80769 高雄市三民區應安街 12 號
電話：07 381-1377
傳真：07 862-5562

中區營業處
地址：40256 台中市南區樹義一巷 26 號
電話：04 2261-8485
傳真：04 3600-9806（高中職）
　　　04 3601-8600（大專）

勘 誤 表

書　號		書　名	作　者
頁　數	行　數	錯誤或不當之詞句	建議修改之詞句

我有話要說：(其它之批評與建議，如封面、編排、內容、印刷品質等……)

讀者回函卡

掃 QRcode 線上填寫 ▼▼▼

姓名：　　　　　　　　生日：西元　　　年　　　月　　　日　　性別：□男 □女

電話：（　　）　　　　　　　手機：

e-mail：(必填)

註：數字零，請用 ⊘ 表示，數字1與英文L請另註明並書寫端正，謝謝。

通訊處：□□□□□

學歷：□高中·職 □專科 □大學 □碩士 □博士

職業：□工程師 □教師 □學生 □軍·公 □其他

學校/公司：　　　　　　　　　科系/部門：

需求書類：

□A.電子 □B.電機 □C.資訊 □D.機械 □E.汽車 □F.工管 □G.土木 □H.化工 □I.設計 □J.商管 □K.日文 □L.美容 □M.休閒 □N.餐飲 □O.其他

本次購買圖書為：　　　　　　　　　書號：

您對本書的評價：

封面設計：□非常滿意 □滿意 □尚可 □需改善，請說明

內容表達：□非常滿意 □滿意 □尚可 □需改善，請說明

版面編排：□非常滿意 □滿意 □尚可 □需改善，請說明

印刷品質：□非常滿意 □滿意 □尚可 □需改善，請說明

書籍定價：□非常滿意 □滿意 □尚可 □需改善，請說明

整體評價：請說明

您在何處購買本書？

□書局 □網路書店 □書展 □團購 □其他

您購買本書的原因？（可複選）

□個人需要 □公司採購 □親友推薦 □老師指定用書 □其他

您希望全華以何種方式提供出版訊息及特惠活動？

□電子報 □DM □廣告 (媒體名稱)

您是否上過全華網路書店？ (www.opentech.com.tw)

□是 □否 您的建議

您希望全華出版哪方面書籍？

您希望全華加強哪些服務？

感謝您提供寶貴意見，全華將秉持服務的熱忱，出版更多好書，以饗讀者。

填寫日期：　　/　　/